◆ 国家中等职业教育改革发展示范学校建设系列教材

XI BAO PEI YANG JI SHU

细胞培养技术

主　编　康燕燕

编　委　王　龙　康燕燕

主　审　李林凤

中国医药科技出版社

内 容 提 要

本书是"国家中等职业教育改革发展示范学校建设系列教材"之一，是根据示范院校建设和精品专业课程建设对教材建设的要求，严格按照"任务引领、实践导向"的课程开发理念而编写的。本书以"动物细胞培养"为主线，将整个培养过程项目分为动物细胞培养实验室安全防护教育、细胞培养耗材的无菌处理、细胞培养液的配制及无菌过滤、贴壁细胞消化传代、细胞计数及活性检测、细胞冻存以及细胞复苏和生物反应器操作等工作任务，可使学生在实践探索中掌握相应的理论知识，适于中等职业教育生物技术制药专业教学使用。

图书在版编目（CIP）数据

细胞培养技术/康燕燕主编 . —北京：中国医药科技出版社，2015.3
国家中等职业教育改革发展示范学校建设系列教材
ISBN 978-7-5067-7309-6

Ⅰ.①细… Ⅱ.①康… Ⅲ.①细胞培养-中等专业学校-教材 Ⅳ.①Q813.1

中国版本图书馆 CIP 数据核字（2015）第 037718 号

美术编辑 陈君杞
版式设计 郭小平

出版 中国医药科技出版社
地址 北京市海淀区文慧园北路甲 22 号
邮编 100082
电话 发行：010-62227427 邮购：010-62236938
网址 www.cmstp.com
规格 787×1092mm $\frac{1}{16}$
印张 10
字数 209 千字
版次 2015 年 3 月第 1 版
印次 2024 年 1 月第 2 次印刷
印刷 大厂回族自治县彩虹印刷有限公司
经销 全国各地新华书店
书号 ISBN 978-7-5067-7309-6
定价 22.00 元

本社图书如存在印装质量问题请与本社联系调换

前言
PREFACE

　　细胞培养技术作为生物学各领域的一项基本技术，已经广泛用于生命科学及生物制药领域，尤其是动物细胞培养技术作为进行细胞研究和生产的重要技术，已成功应用于生物制药产业。目前，在国内关于细胞培养技术的书籍和教材有很多，但绝大多数属于本科类及高职高专类教学书籍，教材内容不符合中职学生的认知水平，无法满足中职学校的教学需求。上海医药学校是在中职学生中开设动物细胞培养技术课程较早的中专学校，亟待开发一本适合中职生学习的教材。本教材根据《上海市中长期教育改革和发展规划纲要（2010—2020 年）》、教育部《中等职业教育改革创新行动计划（2010—2012年）》、《教育部、人力资源和社会保障部、财政部关于实施国家中等职业教育改革发展示范学校建设计划的意见》等文件精神及示范院校建设和精品专业课程建设对教材建设的要求，结合中职学生的认知特点，以生物制药技术专业中职学生的就业为导向，严格按照"任务引领、实践导向"的课程开发理念而编写。

　　《细胞培养技术》是学校生物技术制药专业的一门专业方向课程，其教学目标是培养中职学生进行细胞培养的基础实验操作技能。通过该课程的学习，使学生了解细胞培养的基本知识，初步掌握基本培养技术，为进一步学习和科研实验奠定基础。细胞培养技术为"理实一体"的项目化教学课程，打破传统的理论与实践相脱节的现象，整个教学环节以"动物细胞培养"为主线，分为贴壁细胞培养和动物细胞的大规模培养两大部分，并将整个培养过程项目分为动物细胞培养实验室安全防护教育、细胞培养耗材无菌处理、细胞培养液的配制及无菌过滤、贴壁细胞消化传代、细胞计数及活性检测、细胞冻存以及细胞复苏和生物反应器操作等工作任务，整个项目贯彻细胞培养的上游和下游，包括动物细胞培养的基本知识和原理，细胞计数的原理，细胞活性检测原理，无菌实验室操作规范，灭菌锅、生物安全柜、倒置显微镜、电子显微镜、高速冷冻离心机与移液器和生物反应器等的操作规范，让学生在实践探索中掌握相应的理论知识。

目 录
CONTENTS

项目一 动物细胞培养实验室安全防护教育

一、项目要求

本次教学任务即掌握无菌实验室安全防护知识且能进行基本的实验室无菌维护。

1. 时间要求 4 学时。

2. 质量要求 能根据无菌实验室安全维护规范进行严格的无菌维护。

3. 安全要求 能遵守操作规程，保证自身和环境安全。

4. 文明要求 自觉按照文明生产规则进行项目作业，保持个人整洁与卫生，防止人为污染样品。

5. 环保要求 努力按照环境保护要求进行项目作业，清场后按要求对动物细胞培养实验室进行紫外消毒。

6. GMP 要求 按照项目 SOP 进行作业。

二、项目分析

现代生物技术一般被认为包括基因工程技术、细胞工程技术、酶工程技术和发酵工程技术，而这些技术的发展几乎都与细胞培养有密切关系，特别是在医药领域的发展，细胞培养更具有特殊的作用和价值。如基因工程药物或疫苗在研究生产过程中很多是通过细胞培养来实现的。基因工程乙肝疫苗很多是以 CHO 细胞作为载体；细胞工程中更是离不开细胞培养，杂交瘤单克隆抗体完全是通过细胞培养来实现的，即使是现在飞速发展的基因工程抗体也离不开细胞培养。正在倍受重视的基因治疗、体细胞治疗也要经过细胞培养过程才能实现，发酵工程和酶工程也与细胞培养密切相关。总之，细胞培养在整个生物技术产业的发展中起到了很关键的核心作用。

动物细胞培养是指在体外培养动物细胞的技术，即在无菌条件下，从机体中取出组织或细胞，或利用已经建立的动物细胞系，模拟机体内的正常生理状态下生存的基本条件，让细胞在培养容器中生存、生长和繁殖的方法。

细胞在体外培养中所需的条件与体内细胞基本相同。

1. 无污染环境 培养环境无毒和无菌是保证细胞生存的首要条件。当细胞放置于体外培养时，与体内相比细胞失去了对微生物和有毒物的防御能力，因而一旦被污染或自身代谢物质积累等，均可导致细胞死亡。因此在进行培养中，保持细胞生存环境无污染、代谢物及时清除等，是维持细胞生存的基本条件。

2. 恒定的温度 维持培养细胞旺盛生长，必须有恒定适宜的温度。人体细胞培养的标准温度为 $36.5℃±0.5℃$，偏离这一温度范围，细胞的正常代谢会受到影响，甚至死亡。体外培养细胞对低温的耐受力较对高温强，温度上升不超过 39℃时，细胞代谢与温度成正比；人体细胞在 39～40℃培养 1 小时，即会受到一定程度的损伤，但仍有可能恢复；在 40～41℃培养 1 小时，细胞会受到损伤，仅小半数有可能恢复；41～42℃培养

1 小时，细胞受到严重损伤，大部分细胞死亡，个别细胞仍有恢复可能；当温度在 43℃ 以上培养 1 小时，细胞全部死亡。

3. 气体环境 气体是细胞培养生存必需条件之一，所需气体主要有氧气和二氧化碳。氧气参与三羧酸循环，产生供给细胞生长增殖的能量和合成细胞生长所需的各种成分。体外培养时一般把细胞置于 95%空气加 5%二氧化碳混合气体环境中。

二氧化碳既是细胞代谢产物，也是细胞生长繁殖所需成分，它在细胞培养中的主要作用在于维持培养基的 pH。大多数细胞的适宜 pH 为 7.2～7.4，偏离这一范围对细胞培养将产生有害的影响。但细胞耐酸性比耐碱性大一些，在偏酸性环境中更利于细胞生长。细胞培养液 pH 浓度的调节最常用的方法为加 $NaHCO_3$，因为 $NaHCO_3$ 可提供 CO_2，但 CO_2 易于逸出，故最适用于封闭培养，而羟乙基哌嗪乙硫磺酸（HEPES）因其对细胞无毒性，也起缓冲作用，有防止 pH 迅速变动的特性而用于体外细胞培养技术中，其最大优点是在开放式培养或细胞观察时能维持较恒定的 pH。

根据细胞培养的要求，细胞培养实验室与其他一般实验室的主要区别在于要求保持无菌操作，避免微生物及其他有害因素的影响。因此，细胞培养实验室应尽量做到：第一，环境清洁、空气干燥和无烟尘；第二，培养间内布局要合理，无菌操作区一般设在室内较少走动的内侧，最好能单独设置或与其他区域隔开；常规操作和封闭培养位于中部，并相连以便于工作，而洗涮、消毒最好单独设置或隔开，避免干扰和污染。

标准的细胞培养实验室应包括以下几个部分：即常规操作区、无菌操作区、培养区、储藏区以及清洗和消毒灭菌区。目前，超净工作台和生物安全柜的广泛使用，很大程度上方便了细胞培养工作，并使一些常规实验室有可能用于进行细胞培养。

（1）常规操作区：常规操作区主要进行培养基及相关培养用液体的配制，放置的主要仪器有电子天平、磁力搅拌器及液体配制过程相关的一些器皿。

（2）无菌操作区

无菌操作室：无菌操作区只限于细胞培养及其他无菌操作的区域，最好能与外界隔离，不能穿行或受其他干扰。

理想的无菌操作室应划为三部分。

更衣室——供更换衣服、鞋子及穿戴帽子和口罩。

缓冲区——位于更衣间与操作间之间，目的是为了保证操作间的无菌环境，同时可放置恒温培养箱及某些必需的小型仪器。

无菌操作间——专用于无菌操作、细胞培养。其大小要适当，且其顶部不宜过高（不超过 2.5m）以保证紫外线的有效灭菌效果；墙壁光滑无死角，以便清洁和消毒。主要放置生物安全柜、CO_2 培养箱、水浴锅、倒置显微镜、冰箱、紫外移动消毒车、离心机等设备。无菌操作间的空气消毒主要用紫外光灯，会产生臭氧，不利于工作人员健康。

（3）培养区：在该区主要放置 CO_2 培养箱，并配有相关的 CO_2 通气管路。

（4）储藏区：主要存放各类冰箱、电热恒温干燥箱、液氮罐、各种无菌耗材等，此环境也需要清洁无尘。

（5）清洗和消毒灭菌区：清洁和消毒灭菌区应与其他区域分隔开，主要进行所有细胞培养用器皿的清洗、准备、消毒及纯水的制备等工作。

三、项目实施的路径与步骤

（一）项目路径

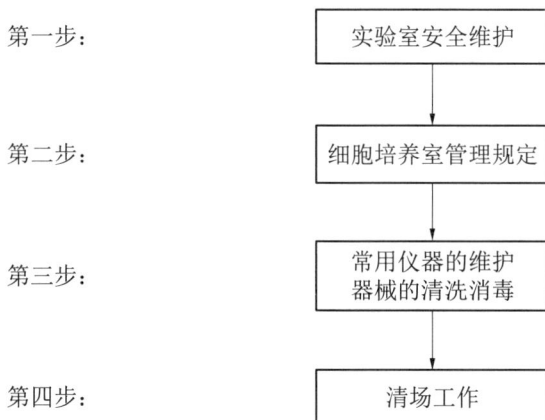

第一步：　　　　　　　　实验室安全维护

第二步：　　　　　　　　细胞培养室管理规定

第三步：　　　　　　　　常用仪器的维护
　　　　　　　　　　　　器械的清洗消毒

第四步：　　　　　　　　清场工作

（二）项目步骤

第一步：细胞培养室安全维护

细胞培养室的实验对象是离体组织和体外细胞，对致病微生物及病毒无抵抗性，有被污染的危险性。因此，进入实验室必须提高警惕性，严格遵守下列规则，以防招致感染而影响培养室的正常运作。

（1）进入细胞培养室之前，在培养室外的缓冲区穿好干净实验服，套好鞋套，戴好口罩和头套，做好个人防护措施。

（2）实验室内应保持安静和良好秩序，实验时要严肃认真，严禁吸烟和饮食，与操作无关的人员不得进入细胞培养室。

（3）使用生物安全柜之前，先打开生物安全柜的紫外光灯灭菌 30 分钟，然后关掉紫外光灯，打开照明灯，上推挡风玻璃到安全线内，并打开风机吹 5～10 分钟，以去除臭氧。

（4）戴一次性无菌手套，用 75%酒精擦拭工作台，且所有放入安全柜内的物品必须用 75%的酒精处理。操作时严格按无菌操作程序进行，无菌操作工作区域应保持清洁及宽敞，必需物品如试管架、吸管等可以暂时放置，其他实验用品用完应立即取出，以利于气流的流通。

（5）如有害材料或试剂污染桌、凳、地面、书或衣物等，应报告老师及实验室管理人员，并及时洗净。

（6）使用完毕离开无菌室时，做好清场工作，在缓冲区脱去工作衣和拖鞋，关好水、电、门、窗，最后打开紫外光灯对无菌室消毒 1～2 小时。无菌室内每周用乳酸（或过氧乙酸）蒸汽加紫外线消毒 1～2 次，每隔两周彻底清理并消毒 1 次。

理论链接1

无菌室的消毒和防污染

为了保持无菌室的无菌状态，经常消毒是必要的，通常采用每日（使用前）紫外线照射1～2小时，每周乳酸或过氧乙酸熏蒸（2小时）和每月新洁尔灭擦拭地面和墙壁一次的方式进行消毒。实际工作中，要根据无菌室建筑材料的差异来选择合适的消毒方法。

除通过经常消毒来保持无菌室的无菌外，还应注意防止无菌室的污染。造成无菌室污染的可能性包括：送入无菌室的风没有被过滤除菌；进出无菌室时，能使外界空气直接对流进无菌室的操作间；在操作间开启被污染的培养器皿或将污染液体、器物洒落在了操作间；无菌室有未被消毒的死角等。弄清楚可能的污染源后，应采取相应的防范措施。如经常检查无菌室通风防菌滤膜有无破损、堵塞；进出无菌室时不出现两门同开现象；及时发现污染物，并立即清除出无菌室。

第二步：细胞培养室管理规定

实践链接1

细胞培养室管理规定

1.1　细胞培养室是进行各种细胞培养的净化级实验室，所有进入实验室的学生都必须遵守实验室有关的规章制度，按培养室管理规定操作。

1.2　进入该实验室进行实验工作时，必须更换、穿戴好工作服、鞋、帽、口罩。有关细胞培养的操作均在超净台或生物安全柜上进行，严格按无菌程序操作。

1.3　实验人员在进行实验前必须熟悉实验内容、操作步骤及各类仪器的性能和操作方法，严格执行操作规程，并做好必要的安全防护。

1.4　请勿将有害物品带入实验室；在本实验室内不得进行微生物等其他易污染物的培养。

1.5　严禁在实验室内吸烟和吃食物；与实验无关人员不得进入实验室。

1.6　实验室中的昂贵设备，未经许可，不得擅自开关。精密仪器必须经过专门培训方能上机操作，严格遵守操作规程。

1.7　实验人员必须按规定的主要仪器参数进行操作，未经许可不得随意更改有关仪器设备的技术参数，仪器设备出现故障或发生事故应立即报告。

1.8　操作完成后，用0.1%的新洁尔灭溶液或75%酒精擦拭台面。出门前注意关闭照明灯，切断超净台或生物安全柜电源。

1.9　实验室所有仪器在使用完毕后都要进行登记，若发现有问题，请及时联系老师及实验室管理员。

1.10　实验室开启、关闭程序

开启程序：用洗手液清洁双手，将要带入实验室的物品必须经过高压灭菌，依次打开照明灯开关、风机开关、超净台或生物安全柜开关、紫外光灯开关，30分钟后，更换衣服、拖鞋后方可通过缓冲室进入培养室，关闭紫外光灯开关。

关闭程序：项目结束后清洁和整理实验室，确认实验仪器设备处理无误，并带出废物，依次关闭超净台或生物安全柜开关、风机开关和照明灯开关，人员通过缓冲室出实验室，务请随手关门；不得随意关闭其他开关，锁闭实验室门。

第三步：常用仪器设备

细胞培养实验室常用的仪器设备有：倒置显微镜、CO_2培养箱、生物安全柜（超净工作台）、普通冰箱、超低温冰箱、离心机、恒温水浴锅、纯水仪、高压蒸汽灭菌锅、电热恒温干燥箱、超声波清洗仪、移动紫外线消毒车等。

理论链接2

细胞培养无菌操作间常用仪器

2.1 生物安全柜/超净工作台

细胞培养对无菌环境要求很高，在细胞操作时，一般需要在100级空气质量条件下进行，因此超净工作台或生物安全柜必须配备。生物安全柜是为操作原代、传代培养物，以及诊断性标本等需无菌操作的样品时，用来保护操作者本人、实验室环境以及实验材料，使其避免暴露于上述操作过程中可能产生的交叉感染而设计的。超净工作台，又称净化工作台，是国内外普遍使用的无菌操作装置，为了保护实验材料而设计的。超净工作台通过高效过滤器将空气中微生物滤掉，并使无菌空气以微流（0.32～0.48m/s）方式，从工作台的工作空间流向工作空间之外，保证工作空间的"绝对"无菌。超净工作台只能保护样品，不保护操作人员。

本实验室使用Thermo生物安全柜。

2.2 CO_2培养箱

体外培养的细胞和体内细胞一样，需要在恒定的温度下生存，大多数情况下，最适温度是37℃，温差变化一般不应超过±0.5℃，细胞在温度升高2℃时，持续数小时即不能耐受，40℃以上将很快死亡。目前多数的细胞培养室使用的是CO_2培养箱。CO_2培养箱的优点是能够提供进行细胞培养时所需要的一定量的CO_2（常用浓度为5%～8%，一般为5%），易于使培养液的pH保持稳定，适用于开放或半开放培养。养细胞的器皿可用培养皿、培养板或培养瓶，当使用培养瓶时，可将瓶盖略微旋松，使培养瓶内与外界保持通气状态。由于这种培养方法培养器皿内部与外界相通，培养箱内空气必须保持清洁，应定期以紫外线照射或酒精消毒。同时培养箱应放置盛有无菌蒸馏水的水槽，防止培养液蒸发，使箱内相对湿度始终保持为100%。

2.3 倒置显微镜

倒置显微镜是组织细胞培养室所必需的日常工作常规使用设备之一，便于掌握细胞的生长情况并观察有无污染等。若有条件，还可配置照相系统，以便随时观察、记录、拍摄细胞生长情况。

2.4 冰箱（4℃/−20℃）

用于储存需要冷冻保存生物活性及较长时期存放的制剂,如液体培养基、缓冲液、胰酶、血清等。细胞培养室的冰箱应属专用,不得存放易挥发、易燃烧等对细胞有害的物质,且应保持清洁。

2.5 离心机

进行细胞培养时,常规需要使用离心机进行制备细胞悬液、调整细胞密度、洗涤和收集细胞等工作。离心机的转速通常在500～5000r/min,可离心0.5～50ml样品。

2.6 恒温水浴锅

为了保证培养用液的质量和防止微生物生长,与细胞直接接触的液体都应按要求贮存于4℃或−20℃冰箱内,使用时,需有温度合适的水浴锅对其进行预热（温度平衡）。有时,也要在恒温水浴锅内对材料进行处理,因此,恒温水浴锅也是细胞培养的必备设备。工作中,除应按恒温水浴锅的自带说明书使用和保养仪器外,每次用毕后,还要将水浴锅内的水倒掉、擦干。

2.7 移动紫外线消毒车

用于对细胞培养各实验室进行紫外消毒。

理论链接3

细胞培养室内其他仪器

3.1 纯水仪

细胞培养对水的质量要求较高,细胞培养以及与细胞培养工作相关的液体的配制用水必须事先严格纯化处理。进行细胞培养时配制各种培养液及试剂等均需使用纯化水,即使是用于玻璃器皿的冲洗,也应使用纯化水,水纯化时可采用离子交换装置或蒸馏器。本实验室使用的是赛多利斯超纯水仪。

3.2 高压蒸汽灭菌锅

高压蒸汽灭菌锅是用比常压高的压力,把水的沸点升至100℃以上的高温,而进行液体或器具灭菌的一种高压容器,适用于各种器皿、耗材和无生物活性要求的试剂的高压灭菌。

3.3 电热恒温干燥箱

用于细胞培养的有些器械、器皿、高压蒸汽灭菌后的一些耗材需要烘干后才能使用,玻璃器皿等须干热消毒。干热消毒时,电热干燥箱升温较高,一般需达到160℃以上。

3.4 超声波清洗仪

利用超声波在液体中的空化作用、加速度作用及直进流作用对液体和污物直接、间接的作用,使污物层被分散、乳化、剥离而达到清洗目的。主要用于细胞培养所用实验器皿的清洗、除垢。

第四步：清场工作

清场时,细胞培养实验室用0.1%的新洁尔灭拖地,擦拭桌面,然后打开移动紫外消毒车，然后迅速关门离开细胞培养间，移动紫外消毒车会自动在电源打开 1 分钟后启动灭菌程序，并在 2 小时后自动结束灭菌。

实践链接2

消毒剂的配制及移动紫外消毒车操作规程

2.1　消毒剂的配制

2.1.1　5%的新洁尔灭配制成 0.1%，需稀释 50 倍，即按 1:49 配制。

2.1.2　95%的酒精配制成 75%的酒精，根据液体稀释公式使用超纯水配制。

2.2　移动紫外消毒车的操作规程及操作注意事项

2.2.1　打开紫外光灯保护门。

2.2.2　检查电源电压是否匹配，接通电源。

2.2.3　调整紫外光灯管和台面的垂直角度（60～90cm），波长为 254nm，顺时针旋转定时旋钮，紫外光灯会在 1 分钟后自动开启并开始消毒。一般要求细胞培养实验室紫外线照射消毒时间不少于 60 分钟。

2.2.4　保持紫外移动消毒车干燥、清洁，必要时用酒精棉进行消毒、灭菌，特别是电源开关等触摸部位，以防交叉传染，并做好使用情况登记。

2.2.5　对紫外线灯管定期检测强度，保证消毒的效果，每次记录使用时间，累计时间达到 1000 小时更换新灯管。

2.2.6　不同实验区的紫外线消毒车勿混用。

四、项目预案

定期检测下列项目：

（1）CO_2 钢瓶的 CO_2 压力。

（2）CO_2 培养箱的 CO_2 浓度、温度，以及水盘是否有污染（水盘的水用无菌水，每周更换）。

五、项目实施

（1）对班级学生进行分组，每二人一组。每次课前找一组学生参与项目前准备工作，对其下发该次项目任务报告书，简单讲解项目内容，教师与这二位学生讨论项目任务、流程及项目预期效果，最后根据讨论的内容进行项目前准备。

（2）在项目实施过程中，由这一组学生配合教师共同完成项目指导工作，并在项目结束后组织本班学生完成清场工作，每组轮流参与项目前准备工作和清场工作。

六、项目评价

项目评价具体详见表 1–1～表 1–4。

表1-1 项目评价表（满分100分）

评 价 内 容			
学生互评（70分）			教师评价（30分）
完成过程（30分）	完成质量（30分）	团队合作（10分）	项目报告评价（30分）

表1-2 项目评价标准——学生用表

任 务	评价内容	分值	考 核 标 准	得 分	
动物细胞培养实验室安全防护教育过程评价（30分）	进入无菌室准备	2分	在缓冲区穿好干净实验服，套好鞋套，戴好口罩和头套，做好个人防护措施（2分）		
	维护实验室无菌环境	5分	戴一次性无菌手套，用75%酒精擦拭生物安全柜操作区，所有放入超净台的物品必须用75%的酒精处理（3分）		
			所有操作完成后，用0.1%的新洁尔灭溶液或75%酒精擦台面（2分）		
	仪器的基本维护	5分	熟悉实验室常用的仪器有哪些（5分）		
	器械的清洗、消毒	10分	清洗、烘干、包扎玻璃器皿；包扎铝盒、枪盒，并使用高压灭菌锅灭菌、再烘干（10分）		
	清场工作	8分	整理所清洗、包扎、灭菌、烘干的耗材及试剂（2分）		
			细胞无菌间的开启程序和关闭程序（6分）		
完成质量（30分）	维护实验室无菌环境	5分	能按要求在进入细胞无菌室前做好个人安全防护，且按要求维护细胞培养室的无菌环境（5分）		
	仪器的基本维护	10分	能掌握细胞培养室各种仪器的功能并能进行简单的基本维护（10分）		
	器械的清洗、消毒	10分	能按要求完成各种耗材和液体的清洗、包扎、消毒（10分）		
	清场工作	5分	能按要求整理灭菌后的耗材及液体，且能完成细胞无菌间的开启程序和关闭程序（5分）		
团队合作（10分）	合作态度	5分	积极参与项目的分工、讨论（5分）		
	合作效率	5分	积极帮助小组成员有效完成任务，分析/解决问题（5分）		
合 计					

动物细胞培养实验室安全防护教育项目评价标准——过程评价

表1-3 项目评价标准——教师用表

动物细胞培养实验室安全防护教育项目评价标准

	评价内容	分值	考 核 标 准	得 分	
项目报告书（30分）	维护实验室无菌环境	5分	总结生物实验室安全防护的措施（5分）		
	仪器的基本维护	5分	总结细胞培养实验室有哪些仪器，功能分别是什么（5分）		
	器械的清洗、消毒	10分	总结细胞培养耗材和试剂的清洗、灭菌流程（10分）		
	清场工作	10分	对本次项目的完成，有哪些体会可与小组同学分享或有哪些教训需进行总结（10分）		
合 计					

表1-4 项目评价考核成绩表

组别	姓名	组间互评（学生）			班级评价（教师）	
		项目过程（30分）	完成质量（30分）	团队合作（10分）	项目报告（30分）	总分值
第一组						
第二组						
第三组						
第四组						
第五组						
第六组						

七、项目作业——撰写项目报告书

（1）总结生物实验室安全防护的措施。

（2）细胞培养实验室有哪些仪器？功能分别是什么？

（3）总结细胞培养耗材和试剂的清洗、灭菌流程。

（4）对本次项目的完成，有哪些体会可与小组同学分享？

项目二　细胞培养耗材的无菌处理

一、项目要求

本次教学任务为按照 SOP 操作流程对细胞培养耗材及仪器进行处理，为细胞培养做准备。

1. 时间要求　4 学时。

2. 质量要求　能根据操作流程对细胞培养耗材及仪器进行无菌处理。

3. 安全要求　能遵守操作规程，保证自身和环境安全。

4. 文明要求　自觉按照文明生产规则进行项目作业，保持个人整洁与卫生，防止人为污染耗材及试剂。

5. 环保要求　努力按照环境保护要求进行项目作业，按要求进行对细胞培养所用耗材、仪器进行无菌处理，清场后按要求对细胞培养间进行紫外线消毒。

6. GMP 要求　按照项目 SOP 进行作业。

二、项目分析

细胞培养常用的耗材有液体试剂瓶、培养瓶、培养皿、吸管、离心管、烧杯、量筒、冻存管等。

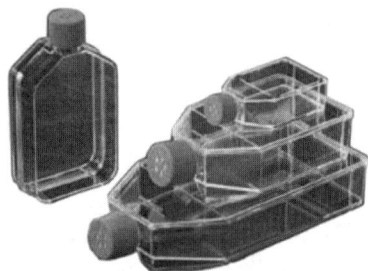

图 2-1　细胞培养瓶

（1）试剂瓶：用于储存各种血清、配制好的培养液等液体，规格通常为 100ml、250ml、500ml、1000ml。

（2）培养瓶：根据培养细胞种类要求不同培养瓶的形态各异，用于细胞传代培养的细胞瓶要求瓶壁厚薄均匀，便于细胞贴壁生长和观察，瓶口要大小一致，口径一般不小于 1cm，允许吸管伸入瓶内任何部位，规格有：培养表面积 $25cm^2$、$75cm^2$、$150cm^2$ 等（图 2-1）。

（3）培养皿：用于开放式培养及其他用途，规格有直径 30mm、60mm、100mm、150mm 等（图 2-2）。

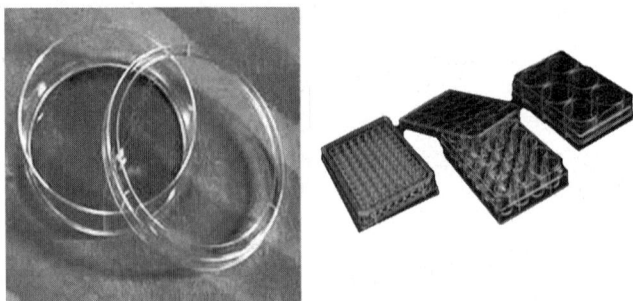

图 2-2　细胞培养皿

（4）吸管：常用的有长吸管和短吸管两类，长吸管也称刻度吸管。其改良后管上部有球型刻度称改良吸管，刻度吸管用于移动液体，常用 3ml 和 10ml 两种。短吸管也叫滴管，分弯头和直头两种。

（5）离心管：离心管是细胞培养中常用的耗材，根据用途不同形态各样，常用于细胞培养的离心管有大腹式尖底离心管和普通尖底离心管两类。前者多为 50ml、30ml、15ml；后者则多为 10ml 和 5ml（图 2-3）。

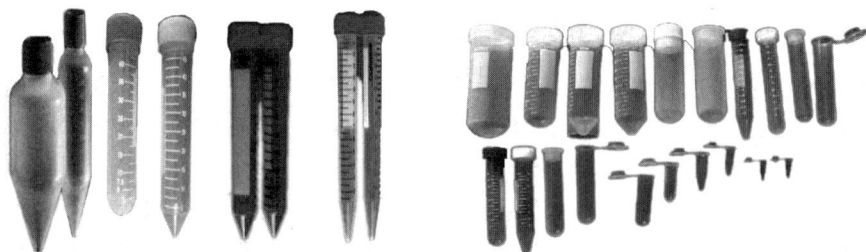

图 2-3 离心管

（6）其他：如烧杯、量筒、冻存管、梯度降温冻存盒等。

三、项目实施的路径与步骤

（一）项目路径

第一步：　　　　　　　细胞培养耗材清洗

第二步：　　　　　　　细胞培养耗材消毒

第三步：　　　　　　　CO_2培养箱的处理

第四步：　　　　　　　清场工作

（二）项目步骤

第一步：常用耗材的清洗

细胞培养过程中需要清洗、消毒的常用耗材有试剂瓶（规格 100ml、250ml、500ml、1000ml）、烧杯等玻璃器皿，移液器枪头（规格 10µl、200µl、1000µl）、离心管（规格 15ml、50ml）、EP 管（规格 1.5ml，5ml）等耗材。

实践链接1

细胞培养用品的清洁

离体条件下，有害物质直接同细胞接触，由于细胞对任何有害物质十分敏感，故极少残留物都会对细胞产生毒副作用。因此，新的或重新使用的器皿都必须认真清洗，达到不含任何残留物的要求。

1.1 新购玻璃器皿的处理

先用清水浸泡，然后用超声波清洗仪加洗涤剂清洗，用流水冲洗干净后，再用1%～2%盐酸溶液浸泡，以除去游离碱，再用自来水冲洗，每件器皿至少要反复"注水－倒空"10次以上，最后用超纯水冲洗2～3次，玻璃仪器气流烘干机烘干，牛皮纸包扎瓶口后高压蒸汽灭菌，烘干备用。

1.2 污染玻璃器皿的处理

已用过的玻璃器皿，用清洁液浸酸后再用超声波清洗。用超声波清洗后，流水冲洗干净，再用自来水冲洗10次以上，最后用超纯水冲洗2～3次。玻璃仪器用气流烘干机烘干，牛皮纸包扎瓶口后高压蒸汽灭菌，再烘干备用。

清洁液：重铬酸钾、浓硫酸和蒸馏水按一定比例配制而成，其处理过程称为浸酸。清洁液具有很强的氧化作用，去污能力很强，对玻璃器皿无腐蚀作用，而其强氧化作用可除掉刷洗不掉的微量杂质。它是清洗过程中关键的一环。浸泡时器皿要充满清洁液，勿留气泡或器皿露出清洁液面。浸泡时间不应少于6小时，一般为过夜。

超声波清洗：利用超声波在液体中的"空化"作用，使黏附在物体表面的各类污物剥落，同时在液体中又能加速溶解作用和乳化作用等，再加上合适的清洗液配合，达到理想的清洗效果。

1.3 胶塞的清洗

细胞培养中所用的橡胶制品主要是瓶塞。新购置的瓶塞带有大量滑石粉及杂质，应先用自来水冲洗，再做常规处理，常规清洗方法是：每次用后立即置入水中浸泡，然后用2% NaOH或洗衣粉煮沸10～20分钟，以除掉培养中的蛋白质。自来水冲洗后，再用1%稀盐酸浸泡30分钟或蒸馏水冲洗后再煮沸10～20分钟，晾干备用。

1.4 塑料制品的清洗

塑料制品现多是采用无毒并已经特殊处理的包装，打开包装即可使用，多为一次性物品。必要时用2% NaOH浸泡过夜，用自来水充分冲洗，再用5%盐酸溶液浸泡30分钟，最后用自来水和蒸馏水冲洗干净，晾干备用。

实践链接2

超声波清洗仪操作规程及操作注意事项

2.1 超声波清洗仪（型号：PL-360E）（图2-4）操作规程

2.1.1 确保没有异物落到超声波清洗机腔体底部，如有必须清除。

2.1.2 配置清洗液：在清洗槽内按比例加水和清洗剂。

2.1.3 打开电源开关，机器进行自检；打开除气开关排除气体。

2.1.4 流动水下初步冲洗器械后，将器械放入超声波清洗机清洗网篮内，必须使用清洗网篮装载，直接放置在超声波清洗机腔体底部清洗。器械必须充分打开，可拆开的器械分离各组件；离心管等细长中空器械开口朝下倾斜放置，确使腔内注满溶液，清洗液液面浸过器械 2～4cm。

2.1.5 盖好超声波清洗机的盖子，设置清洗时间，开始超声清洗。超声清洗时间在 10～15 分钟，不宜超过 30 分钟。

2.1.6 器械超声清洗后继续后续的清洗、漂洗、终末漂洗及消毒处理。超声清洗完毕后排出超声波清洗机内液体。

2.2 玻璃仪器气流烘干机（型号：BKH-B）（图 2-5）操作规程及操作注意事项

2.2.1 根据需烘干的玻璃器皿的大小，将相应规格的风管接插到上盖的出风口上。

2.2.2 将需烘干器皿的水滴甩干，试管口朝下插入支架内烘干。将温度设定旋钮旋到所需要的温度。

2.2.3 使用时将电源插头插入 220V 交流电源，接通电源开关，则冷风指示绿灯亮，电机工作吹出冷风，再接通热风开关，则热风指示红灯亮，开始吹进热风。

2.2.4 当气流温度升至设定温度附近时，热风指示灯灭，加热停止(吹风电机继续工作)；当气流温度降到设定温度以下时，热风指示灯亮，继续加热。

2.2.5 当玻璃器皿被烘干后，先关掉热风开关，等玻璃器皿被吹凉后取下，并确定吹出的气流为冷风时再关闭电源开关，切断电源。

注意事项：①仪器在使用过程中不宜剧烈振动，以免待干燥器皿损坏。②严禁烘干后直接关闭电源开关以免剩余热量滞留于设备内部，烧坏电机和其他部件。③电源插座要安装地线，以确保安全。

图 2-4 超声波清洗仪　　　　图 2-5 玻璃仪器气流烘干机

第二步：常用器械的消毒

理论链接1

细胞培养常用消毒方式

细胞培养的最大危险是发生培养物的细菌、真菌和病毒等微生物的污染。污染主要是由于操作者的疏忽而引起，常见的原因有操作间或周围空间的不洁，培养器皿和培养液消毒不合格或不彻底。由于有关培养的每个环节的失误均能导致培养失败，故细胞培养的每个环节都应严格遵守操作常规，进行消毒处理，防止发生污染。

消毒方法分为三类：①物理消毒法（紫外线、湿热、干热、过滤等）。②化学消毒法（各种化学消毒剂）。③抗生素消毒法。

1.1 紫外线消毒

用于空气、操作台表面和不能使用其他方法进行消毒的试剂和培养的器皿。紫外线直接照射方便、效果好，经一定的时间照射后，可以消灭空气中大部分细菌，培养室紫外线灯应距地面不超过 2.5m，且消毒物品之间不宜相互遮挡，照射不到的地方起不到消毒作用。对紫外线最为敏感的是革兰阴性菌，其次是革兰阳性菌，再次为芽孢，真菌孢子的抵抗力最强。紫外线的直接作用是通过破坏微生物的核酸及蛋白质等而使其灭活，间接作用是通过紫外线照射产生的臭氧杀死微生物。直接照射培养室消毒，用法简单，效果好。

紫外光灯的消毒效果与紫外光灯的辐射强度和照射剂量呈正相关，辐射强度随灯距离增加而降低，照射剂量和照射时间呈正比。因此紫外光灯同被照射物的距离和照射时间要适合。离地面 2m 的 30W 灯可照射 9m² 房间，每天照射 2～3 小时，期间可间隔 30 分钟。灯管离地面 2m 以外要延长照射时间，2.5m 照射效果较差。紫外光灯照射工作台的距离不应超过1.5m，照射时间以 30 分钟为宜。

紫外光灯不仅对皮肤、眼睛伤害，且对培养细胞与试剂等也产生不良影响，因此，不宜对试剂瓶进行直接照射灭菌。

1.2 湿热消毒

即高压蒸汽消毒，是一种使用最广泛、效果最好的消毒方法。湿热消毒时，消毒物品不能装得过满，以防止消毒器内气体阻塞而引起危险，保证其内气体的流通。在加热升压之前，先要打开排气阀门排放消毒器内的冷空气，冷空气排出后，关闭排气阀门，同时检验安全阀活动自如，继后开始升压，当达到所需压力时，开始计算消毒时间。消毒过程中，操作者不能离开工作岗位，要定时检查压力及安全，防止消毒及表皮意外事件发生。

从压力蒸汽消毒器中取出消毒好的物品（不包括液体），应立即放到 60～70℃ 电热恒温干燥箱内烘干，再贮存备用；否则，潮湿的包装物品表面容易为微生物污染。煮沸消毒也是常用的湿热消毒方法，其具有条件简单、使用方便等特点。

1.3 干热消毒

这种消毒方法主要用于玻璃器皿消毒，一般温度在 160℃ 维持 90～120 分钟就可以杀死芽孢，达到消灭包括细菌、芽孢在内的一切微生物的目的，还可破坏热原质。消毒完毕，待烘箱内温度冷却后再开门，避免因冷空气突然进入，烘箱内温度骤降引起玻璃器皿损坏。干烤箱内物品间要有空隙，物品不要靠近加热装置。烧灼也是灭菌方法之一，常利用台面上的酒精灯的火焰对金属器皿及玻璃器皿口缘进行烧灼消毒。

1.4 滤过消毒

滤过消毒是将液体或气体用微孔薄膜过滤，使大于孔径的细菌等微生物颗粒阻留，从而达到除菌目的。大多数培养用液，如人工合成培养基、血清、消化液、平衡缓冲液等，在高温高压下会发生变性，失去其功能，均采用滤过法除菌。常用的除菌滤器有正压式和负压式两种。目前，大多实验室采用微孔滤膜滤器除菌，关键步骤是安装滤膜及无菌过滤过程。

1.5 化学消毒法

最常见的是 70%～75% 酒精及 0.1% 的新洁尔灭，前者主要用于操作者的皮肤，操作台表面及无菌室内的壁面处理。后者则主要用器械的浸泡及皮肤和操作室壁面的擦拭消毒。化学消毒法操作简单、方便有效。

1.6 抗生素消毒法

主要用于培养用液灭菌或预防培养物污染，也是微生物污染不严重时的"急救"方法。在细胞培养过程中若操作不慎造成的细胞培养污染，在细胞培养液中加入一定量抗生素，以抑制细菌生长从而达到灭菌目的。

实践链接3

细胞培养用耗材的无菌处理

对细胞培养用品进行消毒前，要进行严密包装，以便于消毒和贮存。常用的包装材料：牛皮纸、棉纱布、铝饭盒等，近几年用铝箔包装非常方便适用。培养皿、注射器及金属器械等用牛皮纸包装后再装入饭盒内，较大的器皿可以进行局部包扎。

3.1 移液器枪头（规格10μl、200μl、1000μl）

戴一次性手套将其装入相应规格枪盒，然后用洁净牛皮纸包扎好枪盒后高压蒸汽灭菌，之后用电热恒温干燥箱烘干备用。

3.2 试剂瓶

洗净烘干后，用洁净牛皮纸包好瓶口，包扎前将瓶口拧松，高压蒸汽灭菌结束并烘干备用前再将瓶口拧紧。

3.3 离心管、EP管、橡皮管

无法直接包扎的耗材装入干净的铝盒，将铝盒用洁净牛皮纸包扎后高压蒸汽灭菌，之后在电热恒温烘干箱中烘干备用。

实践链接4

高压蒸汽灭菌锅、电热恒温干燥箱的操作规程及操作注意事项

4.1 高压蒸汽灭菌锅（型号：立式压力蒸汽灭菌器YXQ-LS）（图2-6）的操作及操作注意事项

高压蒸汽灭菌锅是目前应用最广泛、灭菌效果最好的灭菌器具之一，其种类有手提式、直立式、横卧式等，其他构造及灭菌原理基本相同。由于高压蒸汽灭菌锅具有造型新颖美观、结构合理、功能齐全、加热迅速、灭菌彻底等优点，已广泛适用于医疗、科研、食品等单位对手术器械、敷料、玻璃器皿、橡胶制品、食品、药液、培养基等物品进行灭菌。

高压蒸汽灭菌方法的原理是水在大气中100℃左右沸腾，水蒸气压力增加，沸腾时温度将随之增加，因此，在密闭的高压蒸汽灭菌器内，当压力表指示蒸汽压力增加到15磅（$1.05kg/cm^2$）时，温度则相当于121.3℃，在这种温度下20分钟即可完全杀死细菌的繁殖体及芽孢。

热力灭菌是应用最早、效果最可靠、使用最广泛的一种物理灭菌方法，热力对细胞壁和细胞膜的损伤以及对核酸的作用，均可导致微生物的死亡，而湿热主要是使微生物蛋白质发

生凝固而导致其死亡。压力蒸汽灭菌器就是利用湿热杀灭微生物的原理而设计的。采用湿热灭菌方法的优点在于蒸汽有较强的杀菌作用，它可以使菌体蛋白质含水量增加，使其容易因受热而凝固，加速微生物的死亡过程。操作人员应穿工作服，使用时不得擅离工作岗位。

高压蒸汽灭菌锅操作规程如下：

4.1.1 开盖：向左转动手轮数圈，直至转动到顶，使锅盖充分提起，拉起左立柱上的保险销，向右推开横梁移开锅盖。

4.1.2 通电：接通电源，此时欠压蜂鸣器响，显示本机锅内无压力（当锅内压力升至约0.03MPa时蜂鸣器自动关闭），控制面板上的低水位灯亮，锅内属断水状态。

4.1.3 加水：将纯水直接注入蒸发锅内约8L，同时观察控制面板上的水位灯，当加水至低水位灯灭，高水位灯亮时停止加水。当加水过多发现内胆有存水，开启下排气阀放去内胆中的多余水量。

4.1.4 放样：将培养基堆放在灭菌筐内，各包之间留有间隙，有利于蒸汽的穿透，提高灭菌效果。密封：把横梁推向左立柱内，横梁必须全部推入立柱槽内，手动保险销自动下落并锁住横梁，旋紧锅盖。

4.1.5 设定温度和时间：按一下确认键，进入温度设定状态，按上下键可以调节温度值，再次按下确认键，进入时间设定状态，按左键或上下键设置需要的时间，再次按动确认键，设定完成，仪器进入工作状态，开始加热升温。

4.1.6 灭菌结束后，关闭电源，待压力表指针回落零位后，开启安全阀或排气排水总阀，放净灭菌室内余气。若灭菌后需迅速干燥，须打开安全阀或排气排水总阀，让灭菌器内的蒸汽迅速排出，使物品上残留水蒸气快速挥发。灭菌液体时严禁使用干燥方法。

4.1.7 启盖：同第一步。向左转动手轮数圈，直至转动到顶，使锅盖充分提起，拉起左立柱上的保险销，向右推开横梁移开锅盖。

注意事项：①堆放培养基时应注意安全阀放气孔位置必须留出空气，保障其畅通，否则易造成锅体爆裂事故。②灭菌液体时，应将液体灌装在耐热玻璃瓶中，以不超过3/4体积为好，瓶口选用棉花纱塞。③本仪器尽量使用纯水，以防产生水垢。

4.2 电热恒温干燥箱（型号：DHG-9071A）（图2-7）的操作规程及操作注意事项

图2-6 压力蒸汽灭菌器　　　　图2-7 电热恒温干燥箱

4.2.1 该箱安放在室内干燥及水平处，不必使用其他固定装置。

4.2.2 通电前应先检查烘箱电器性能，并注意是否有短路或漏电现象。

4.2.3 待一切准备就绪后，可放入试样，关上箱门，在箱顶排气阀中插入温度计一支，必须同时旋开排气阀，此时即可接电源，开始工作。

4.2.4 接电源。打开电源开关，将温控仪设定所需温度，温控仪绿灯亮，红灯灭，此时箱内开始升温。

4.2.5 恒温时，可关闭辅助加热开关，只留一组工作，以免功率过大影响恒温波动度。

第三步：二氧化碳培养箱使用前处理

实践链接5

二氧化碳培养箱使用前处理

二氧化碳培养箱是通过在培养箱箱体内模拟形成一个类似细胞/组织在生物体内的生长环境，培养箱要求稳定的温度（37℃）、稳定的 CO_2 水平（5%）、恒定的酸碱度（pH值: 7.2～7.4）、较高的相对饱和湿度（95%），来对细胞/组织进行体外培养的一种装置。

5.1 二氧化碳

使用前通过 CO_2 钢瓶通气， CO_2 的压力应控制在 0.1MPa，不要超过压力。

5.2 相对湿度

在使用前在水槽中放好灭菌后的超纯水，以保证培养箱内的相对饱和湿度。使用过程中要经常注意箱内水槽中水的量，以保持箱内相对湿度，避免培养液蒸发。

5.3 温度

在使用前将温度调到37℃。

5.4 污染物

在使用前要对培养箱进行消毒处理，本实验室采用气套式的培养箱，用75%酒精直接擦培养箱内壁即可。

第四步：清场工作

（1）将清洗/包扎/灭菌后的试剂瓶、铝盒（内装离心管、EP管、橡皮管）、各种规格枪盒、无菌水等放入电热恒温干燥箱中烘干备用（注意：电热恒温干燥箱需不定时观察，物品烘干后立即关闭电源）。

（2）为保证细胞培养间的无菌环境，清场时用 0.2%的新洁尔灭拖地，然后打开移动紫外消毒车，然后迅速关门离开细胞培养间，移动紫外消毒车会自动在电源打开1分钟后启动灭菌程序，并在2小时后自动结束灭菌。

四、项目实施

（1）对班级学生进行分组，每二人一组。每次课前找一组学生参与项目前准备工作，对其下发该次项目任务报告书，简单讲解项目内容，教师与这二位学生讨论项目任务、流程及项目预期效果，最后根据讨论的内容进行项目前准备。

（2）在项目实施过程中，由这一组学生配合教师共同完成项目指导工作，并在项目结束后组织本班学生完成清场工作，每组轮流参与项目前准备工作和清场工作。

五、项目评价

项目评价具体详见表2-1～表2-4。

表2-1 项目评价表（满分100分）

评 价 内 容			
学生互评（70分）			教师评价（30分）
完成过程（30分）	完成质量（30分）	团队合作（10分）	项目报告评价（30分）

表2-2 项目评价标准——学生用表

任　　务	评价内容	分值	考核标准	得　分
细胞培养耗材无菌处理评价标准——过程评价				
细胞培养耗材无菌处理操作过程评价（30分）	细胞培养用耗材的清洗、包装及无菌处理	15分	对细胞培养所用玻璃仪器进行清洗、包装、无菌处理（7分）	
			对细胞培养用其他耗材进行清洗、包装、无菌处理（8分）	
	相关仪器的使用	10分	使用相关设备和器材完成细胞培养前耗材的准备工作（10分）	
	清场工作	5分	对处理后的细胞培养用耗材进行分类存放，对相关仪器按其操作规程进行处理，完成细胞培养间的清场工作（5分）	
完成质量（30分）	耗材处理	10分	能按要求正确处理细胞培养各种耗材（10分）	
	仪器操作	10分	能大致说出细胞耗材处理过程中所涉及的相关仪器设备的作用及操作注意事项（10分）	
	清场工作	10分	能积极主动并按要求完成清场工作（10分）	
团队合作（10分）	合作态度	5分	积极参与项目的分工、讨论（5分）	
	合作效率	5分	积极帮助小组成员有效完成任务，分析/解决问题（5分）	
合　　计				

表2-3 项目评价标准——教师用表

	评价内容	分值	考 核 标 准	得　分
细胞培养耗材的无菌处理评价标准				
项目报告书（30分）	耗材处理	10分	细胞培养用耗材中玻璃器皿、其他耗材如枪头盒等该如何清洗、包装、灭菌（10分）	
	仪器设备	10分	细胞培养用耗材处理过程中所用仪器设备有哪些，各有何作用（10分）	
	清场工作	10分	对本次项目的完成，有哪些体会可与小组同学分享或哪些教训需进行总结（10分）	
合　　计				

表2-4 细胞培养耗材的无菌处理项目评价考核成绩表

组别	姓名	组间互评（学生）			班级评价（教师）	总分值
		项目过程（30分）	完成质量（30分）	团队合作（10分）	项目报告（30分）	
第一组						
第二组						
第三组						
第四组						
第五组						
第六组						

六、项目作业——撰写项目报告书

（1）细胞培养用耗材中玻璃器皿、其他耗材如枪头盒等该如何清洗、包装、灭菌？

（2）细胞培养用耗材处理过程中所用仪器设备有哪些？各有何作用？

（3）对本次项目的完成，有哪些体会可与小组同学分享或有哪些教训需进行总结？

项目三 细胞培养液的配制及无菌过滤

一、项目要求

本次教学任务为按照 SOP 操作流程对细胞培养用液进行配制及无菌过滤，为细胞培养操作做准备。

1. 时间要求 4 学时。

2. 质量要求 能根据操作流程对细胞培养用液进行配制及无菌过滤。

3. 安全要求 能遵守操作规程，保证自身和环境安全。

4. 文明要求 自觉按照文明生产规则进行项目作业，保持个人整洁与卫生，防止人为污染耗材及试剂。

5. 环保要求 努力按照环境保护要求进行项目作业，按要求进行对细胞培养用液进行无菌处理，清场后按要求对细胞培养间进行紫外线消毒。

6. GMP 要求 按照项目 SOP 进行作业。

二、项目分析

细胞培养是指从体内组织取出细胞在体外模拟体内环境下，使其生长繁殖，并维持其结构和功能的一种培养技术。细胞培养的培养物可以是单个细胞，也可以是细胞群。

细胞培养的目的与用途：

（一）科学研究：药物研究开发与基础研究

1. 药物研究与开发

（1）新药筛选：如化学合成药物药效研究、中药有效成分筛选与鉴定等。

（2）疫苗研究与开发：如病毒性疫苗的研究与开发（肝炎病毒疫苗、艾滋病疫苗等）、肿瘤疫苗（多肽疫苗）等。

（3）基因工程药物研究与开发：如干扰素研究与开发、细胞生长因子研究与开发等。

（4）细胞工程药物研究与开发：生物活性多肽研究与开发，人参皂苷、紫杉醇等生物活性成分研究与开发。

（5）单克隆抗体制备：包括诊断用单克隆抗体、治疗用单克隆抗体。

2. 基础研究 ①药物作用机制；②基因功能；③疾病发生机制。

（二）生物制药

1. 疫苗生产 如病毒性疫苗（肝炎病毒疫苗、艾滋病疫苗等）、肿瘤疫苗（多肽疫苗）等。

2. 基因工程药物生产 如在临床医学中具有治疗价值的一些细胞生长因子如干扰素、粒细胞生长因子、胸腺肽等。

3. 诊断用和药用单克隆抗体生产

4. 细胞工程药物生产 生物细胞内的一些生物活性多肽，生物活性物质等。

（三）细胞培养基本条件

1. 合适的细胞培养基 合适的细胞培养基是体外细胞生长增殖的最重要的条件之一，培养基不仅是提供细胞营养和促使细胞生长增殖的基础物质，而且还提供培养细胞生长和繁殖的生存环境。

2. 优质血清 目前，大多数合成培养基都需要添加血清。血清是细胞培养液中最重要的成分之一，含有细胞生长所需的多种生长因子及其他营养成分。

3. 无菌无毒细胞培养环境 是细胞不会由于缺乏对微生物和有毒物的防御能力，自身代谢物质积累而中毒死亡的必要条件。因此要保证生存环境无菌无毒，应及时清除细胞代谢产物。

4. 恒定的细胞生长温度 维持培养细胞旺盛生长，必须有恒定适宜的温度。

5. 合适的气体环境 气体是哺乳动物细胞培养生存必需条件之一，所需气体主要有氧气和二氧化碳。

三、项目实施的路径与步骤

（一）项目路径

第一步：
```
┌─────────────────┐
│ 细胞培养液配制   │
│ 及过滤除菌       │
└─────────────────┘
        │
        ↓
```
第二步：
```
┌─────────────────┐
│ 培养用液保存     │
└─────────────────┘
```

（二）项目步骤

第一步：细胞培养液配制

细胞培养过程中需要配制消毒的液体有基本培养基（RPMI-1640、DMEM）、消化液（胰酶）、平衡盐溶液（D-Hanks 液）等。

1. DMEM 配制及除菌过程

（1）配制培养基最好使用新制备的超纯水，调节 pH 的酸碱溶液也应该使用这种水配制。

（2）制备培养基的器皿清洗要绝对干净，烤干后备用（量筒、盛放培养基的试剂瓶等都应进行灭菌）。

（3）溶解培养基（GIBCO，DMEM 高糖培养基）：将干粉培养基溶于总量 1/3 的水中，再用水冲洗包装袋内面两次，倒入培养液中，根据包装袋说明和试验需要加入 $NaHCO_3$（3.7g），磁力搅拌器助溶。

（4）定容：用玻璃棒转移到 1L 量筒内，加超纯水定容到 1L。

（5）过滤除菌：在生物安全柜内，用灭菌后的橡皮管连接微型台式真空泵（型号：ZT-Ⅱ）和一次性滤器（Corning，250ml 或 500ml）过滤除菌。

（6）注意事项

1）每次配液时，需要的其他辅助性液体（D-Hanks 液，胰蛋白酶消化液，PBS，抗生素溶液等）也可以同时配制，分别过滤。

2）培养液配好后，应先抽取少许放入培养瓶内，于37℃温箱内置24～48小时，以检测培养液是否有污染。

3）每次配液量以两周左右为宜，一次配液不要太多，防止营养成分（主要为谷氨酰胺）损失，造成实验繁琐或者污染。

2. 平衡盐溶液 D-Hanks 和 DPBS 的配方　D-Hanks 平衡盐溶液（g/L）：分别称取 KCl 0.4g，KH$_2$PO$_4$ 0.06g，NaCl 8.00g，NaHCO$_3$ 0.35g，Na$_2$HPO$_4$ 0.048g，D-葡萄糖 1.00g，酚红 0.01g，依次分别溶解后，分装，8磅15分钟高压灭菌或滤器过滤除菌，置4℃冰箱内保存备用。DPBS 配制方法与 D-Hanks 平衡盐溶液相似，见表3-1。

表3-1　DPBS 的配方

成　　分	含量（g/L）
CaCl$_2$（无水氯化钙）	0.1
KCl	0.2
KH$_2$PO$_4$	0.2
MgCl$_2$·6H$_2$O	0.1
NaCl	8
Na$_2$HPO$_4$·7H$_2$O	2.16

3. 胰酶的配制及过滤除菌

（1）称取胰蛋白酶：按胰蛋白酶液浓度为0.25%，用电子天平准确称取粉剂溶入小烧杯中，先用少许 D-Hanks 平衡盐溶液（pH7.2左右）调成糊状，然后再补足 D-Hanks 平衡盐溶液，搅拌混匀，置室温4小时或冰箱过夜，并不断搅拌振荡。

（2）用注射滤器过滤消毒：配好的胰酶溶液要在超净台内用注射滤器（0.22μm微孔滤膜）抽滤除菌，然后分装成小瓶于-20℃保存以备使用。

（3）保存条件：配制好的胰蛋白酶溶液必须保存在-20℃冰箱中，以免分解失效。

理论链接1

体外培养的动物细胞常用培养液

1.1　体外培养的哺乳动物细胞培养液

1.1.1　基础培养基：常用的有 DMEM（高糖/低糖）、MEM、RPMI-1640 Medium 等，根据不同细胞类型选择不同培养基。

1.1.2　抗生素溶液：常用的是青链霉素，俗称"双抗溶液"。青霉素主要是对革兰阳性菌有效，链霉素主要对革兰阴性菌有效。加入这两种抗生素可预防绝大多数细菌污染。通常使用终浓度为青霉素 100U/ml；链霉素 100μg/ml。一般配制成100倍浓缩液，可用 PBS 或培养基配制（有些动物细胞培养过程，为排除抗生素的干扰，培养基中不添加抗生素）。

1.1.3　血清：常用的动物血清主要为牛血清，部分用人血清或者马血清。牛血清分为小牛血清、新生牛血清、胎牛血清。胎牛血清取自剖腹产的胎牛；新生牛血清取自出生 24 小时之内的新生牛；小牛血清取自出生 10～30 天的小牛。显然，胎牛血清是品质最高的，因为胎牛还未接触外界，血清中所含的抗体、补体等对细胞有害的成分最少。所以有的动物细胞培养过程为避免未知成分的干扰，也不添加任何血清。

1.1.4 培养用水：体外培养的细胞对水质特别敏感，对水的纯度要求较高。培养用水中如果含有一些杂质，即使含量极微，有时也会影响细胞的存活和生长，甚至导致细胞死亡。配制培养用液应使用经石英玻璃蒸馏器三次蒸馏的三蒸水或超纯水净化装置制备的超纯水。

1.2 在哺乳动物细胞培养过程中（除了培养基外），还经常用到的平衡盐溶液、消化液等

1.2.1 平衡盐溶液（balanced salt solution，BSS）：主要是由无机盐、葡萄糖组成，它的作用是维持细胞渗透压平衡，保持 pH 稳定及提供简单的营养。主要用于细胞的漂洗、配制其他试剂等。最简单的 BSS 是 Ringer，而 D-Hanks 与 Hanks 的一个主要区别是前者不含有 Ca^{2+}、Mg^{2+}，因此 D-Hanks 常用于配制胰酶溶液（Ca^{2+}、Mg^{2+} 对胰酶有抑制作用）。使用时应注意，配制溶液应使用双蒸水、去离子水或超纯水，配好的平衡盐溶液可以过滤除菌或高温灭菌。

1.2.2 消化液：取材进行原代培养时常常需要将组织块消化解离形成细胞悬液，传代培养时也需要将贴壁细胞从瓶壁上消化下来，常用的消化液有胰酶（Trypsin）溶液和 EDTA 溶液，有时也用胶原酶（collagenase）溶液。

1.2.2.1 胰酶溶液：胰蛋白酶（胰酶）是一种黄白色粉末，易潮解，应放置冷暗干燥处保存。目前应用的胰蛋白酶主要来自牛或猪的胰腺。胰酶的主要作用是使细胞间的蛋白质水解，使细胞相互离散。胰酶对细胞的分离作用与细胞的种类和细胞的特性有密切关系。一般来讲，胰酶浓度大、作用温度高、作用时间长，对细胞分离能力也大，但超过一定的限度会损伤细胞。胰酶溶液在 pH8.0，温度为 37℃ 时，作用能力最强。注意：Ca^{2+}、Mg^{2+} 和血清蛋白的存在会降低胰酶活力，对胰酶活性产生抑制作用。因此，胰酶溶液常用无 Ca^{2+}、Mg^{2+} 的 D-Hanks 平衡盐溶液配制成 0.25% 溶液。消化细胞时，加入一些血清或含血清的培养液，或胰蛋白酶抑制剂能终止胰蛋白酶对细胞的消化作用。

1.2.2.2 EDTA 溶液：常用来解离细胞，它的作用机制是破坏细胞间的连接，对于一些贴壁特别牢固的细胞，还可以用 EDTA 和胰酶的混合液进行消化。EDTA 溶液的使用浓度为 0.02%，配制时应加碱以助溶，配制后可过滤除菌，也可高温消毒灭菌。

1.2.2.3 胶原酶溶液：胶原酶在上皮类细胞原代培养时经常使用，胶原酶不受 Ca^{2+}、Mg^{2+} 及血清的抑制，配制时可用 PBS 缓冲液。

理论链接2

细胞培养基种类与基本成分

细胞培养基的种类很多，按其来源分为合成培养基和天然培养基（目前使用的培养基绝大部分是合成培养基），按其物质状态分为干粉培养基和液体培养基两类。干粉培养基需由实验者自己配制并灭菌，液体培养基由专业商家提供，用户可直接使用，非常方便。

合成培养基的主要成分有氨基酸、碳水化合物、无机盐、维生素及其他辅助物质。

2.1 氨基酸

氨基酸是组成蛋白质的基本单位。不同种类的细胞对氨基酸的要求各异，但有几种氨基酸细胞自身不能合成，必须依靠培养液提供，这几种氨基酸称为必需氨基酸。其中谷氨酰胺是细胞合成核酸和蛋白质必需的氨基酸，在缺少谷氨酰胺时，细胞会因生长不良而死亡。因此，各种培养液中都有较大量的谷氨酰胺。但是，由于谷氨酰胺在溶液中很不稳定，应置于 -20℃冰箱中保存，在使用前加入培养液内。已含谷氨酰胺的培养液在 4℃冰箱中储存 2 周以上时，还应重新加入原来量的谷氨酰胺。

2.2 碳水化合物

碳水化合物是细胞生长主要能量来源，其中有的是合成蛋白质和核酸的成分。主要有葡萄糖、核糖、脱氧核糖、丙酮酸钠和醋酸等。

2.3 无机盐

培养液中无机盐的主要功能是帮助细胞维持渗透压平衡。此外，通过提供 Na^+、K^+和 Ca^{2+}，帮助细胞调节细胞膜功能。培养液的渗透压是一个非常重要的因素，细胞通常可耐受 260～320mOsm/kg 的渗透压。标准培养液的渗透压在此范围内波动。特别注意：向培养液中加入其他物质有可能会明显改变培养液的渗透压，特别是溶于强酸或强碱中的物质。

2.4 缓冲系统

大多数细胞所需 pH 在 7.2～7.4。但是，细胞培养最适 pH 随着培养的细胞种类不同而不同。成纤维细胞喜欢较高 pH（7.4～7.7），而传代转化细胞系则需要偏酸 pH（7.0～7.4）。由于多数培养液靠碳酸氢钠（$NaHCO_3$）与 CO_2 体系进行缓冲，因此，气相中的 CO_2 浓度应与培养液中碳酸氢钠浓度相平衡。大多数培养液中含有酚红作为 pH 指示剂，酸性培养液呈橙黄色，碱性培养液呈深红色。

2.5 维生素

在细胞培养中，尽管血清是维生素的重要来源，但是许多培养基中添加了各种维生素以适合更多的细胞系生长。

2.6 其他成分

在一些较为复杂的培养液中还包括其他一些成分。如在杂交瘤技术中常用的 DMEM 培养液，使用时还需要补加丙酮酸钠和 2－巯基乙醇（2－Mercaptoethanol，2－Me）。2－Me 对细胞生长有很重要的作用。有人认为它相当于胎牛血清，有直接刺激细胞增殖作用。2－Me 的活性部分是硫氢基，其中一个重要作用是使血清中含硫的化合物还原成谷胱甘肽，能诱导细胞的增殖，为非特异性的激活作用。同时避免过氧化物对培养细胞的损害。另一个重要作用是促进分裂原的反应和 DNA 合成，增加植物凝集素（PHA）对淋巴细胞的转化作用，已广泛应用于杂交瘤技术，另外，也开始用于一些难以培养的细胞。

实践链接1

电子天平操作规程及操作注意事项

电子天平（型号：FA2104N 型）操作规程：

1.1 使用前的准备

1.1.1 在使用天平前，应检查该天平的使用登记记录，了解天平前一次使用情况以及天平是否处于正常可用状态。

1.1.2 检查天平是否处于水平，如没有处于水平状态，则调节水平调节脚使气泡到达水平器圆圈中心位置。

1.1.3 如天平处于正常可用状态，用软毛刷将天平盘上的灰尘轻刷干净，开启天平两侧玻门 3～5 分钟，使天平内外温度和湿度趋于一致，以免因天平内外温度、湿度不一致而产生变动性。

1.1.4 为保证天平能反映出正确的称量结果，需使天平始终保持水平状态，可转动天平后下方的两个水平调整角将气泡调整至中心圈中央，每一次改变位置，天平都需调整至水平。

1.2 操作规程

1.2.1 接通电源，打开电源开关和天平开关，预热 60～180 分钟。也可不切断电源，使其长期处于预热状态。

1.2.2 开启：按一下"ON: OFF"键，当出现"g"时显示正常的称量，天平已处于准备状态。

1.2.3 按"RANGE"键，改变称重数据的最小读数，调整到所需精确度，可显示为"0.000g"、"0.0000g"、"0.00000g"。

1.2.4 天平去皮：称重室内的砝码在每次击键或置零时都要去皮，这去皮过程包括在整个称重过程内。如果您想对容器去皮，则将容器置于称盘上，关闭防风罩，按一下"RE-ZERO"键就开始去皮，去皮自动进行，屏幕显示为 1.2.3 步设置好的精确度读数（"0.000g"或"0.0000g"或"0.00000g"）并准备称重。

1.2.5 读数：放入被称物，天平自动显示被称物质的重量，等稳定后（稳定指示标记显示）即可读数并记录。

1.2.6 关闭：按一下"ON: OFF"键，直到所有信息都消除，屏幕显示消失，使用完毕后进行使用登记。

1.3 电子天平使用注意事项

1.3.1 将天平置于稳定的工作台上，避免振动、气流及阳光照射。

1.3.2 在使用前，调整水平仪气泡至中间位置，否则读数不准。

1.3.3 电子天平使用时，称量物品的重心，须位于秤盘中心点；称量物品时应遵循逐次添加原则，轻拿轻放，避免对传感器造成冲击；且称量物不可超出称量范围，以免损坏天平。

1.3.4 称量易挥发和具有腐蚀性的物品时，要盛放在密闭的容器中，以免腐蚀和损坏电子天平。另外，若有液体滴于称盘上，立即用吸水纸轻轻吸干，不可用抹布等粗糙物擦拭。

1.3.5 每次使用完天平后，应对天平内部、外部周围区域进行清理，不可把待称量物品长时间放置于天平周围，影响后续使用。

1.3.6 仪器管理人经常对电子天平进行校准，一般应 3 个月校一次，保证其处于最佳状态。使天平内干燥剂保持蓝色状态。

实践链接 2

磁力搅拌器操作规程及注意事项

2.1　磁力搅拌器（型号：WH-610D 多位磁力搅拌器）（图 3-1）操作步骤

2.1.1　使用磁力搅拌器之前要检查其电源是否已经连接，调速旋钮是否已经归零。调速旋钮一定要归零，以确保实验安全。

2.1.2　将盛有溶液的容器放置于仪器台面的搅拌位置，内放搅拌子，插上电源插头，开启电源，电源指示灯即亮。

2.1.3　打开搅拌开关，指示灯亮，把调速旋钮顺时针方向由慢到快，调至所需速度，由搅拌子带动溶液进行旋转匀和溶液。

2.1.4　待溶液搅匀之后（溶液透明澄清），先将调速旋钮逆时针方向由快到慢调至为零，如用加热功能则需要将控温旋钮调至为零，再关闭电源开关，最后再将盛有溶液的容器拿下来。

2.1.5　清洁磁力搅拌器及其周围环境卫生。

2.1.6　仪器使用完毕后确保调速旋钮和控温旋钮调至零，电源开关关闭。

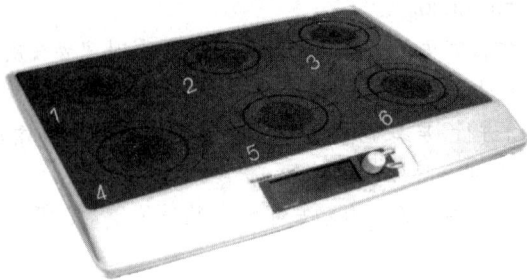

图 3-1　多位磁力搅拌器

理论链接 3

过滤除菌装置

过滤除菌是用于使某些溶液达到无菌状态的一种非加热方法，与加热灭菌相反，过滤是除去微生物，而不是就地杀死它们。细胞培养实验室常用的过滤除菌装置有不锈钢板式滤器和微孔滤膜滤器。

3.1　不锈钢板式滤器

不锈钢板式滤器是正压式滤器，分为单层过滤器和多层过滤器（多层滤器也称板框过滤器）。

3.2　微孔滤膜滤器

微孔滤膜滤器有正压式和负压式两种滤器，可分为换膜式滤器和一次性滤器两大类。微孔滤膜是用各种纤维素的酯类或用聚碳酸酯或用聚四氟乙烯制成孔径大小为 0.025～

14μm，非常均匀一致，具有 0.22 或 0.45μm 孔径等级的滤膜，通常专供除菌过滤用。由于微孔滤膜不释出不希望的成分，大多数情况下对溶液没有影响，使用过程中存在的问题较少，而且溶液通过膜的流速极高，是现今应用最广泛的无菌过滤介质，已成为制备无菌溶液的基本工具。其在医药方面的应用：①用于对热敏药物的除菌过滤；②用于需要热压灭菌的小针、输液生产中滤除药液中污染的少量微粒，提高药液的可见异物和不溶性微粒合格率；③微孔滤膜针头滤过器用于静脉注射，防止细菌和微粒注入人体内。

实践链接3

生物安全柜操作规程及注意事项

生物安全柜是为操作原代、传代培养物，以及诊断性标本等需无菌操作的样品时，用来保护操作者本人、实验室环境以及实验材料，使其避免暴露于上述操作过程中可能产生的交叉感染而设计的。

3.1 生物安全柜操作规程及注意事项

3.1.1 操作前应打开紫外光灯，照射 30 分钟，后将本次操作所需的全部物品移入安全柜，避免双臂频繁穿过气幕破坏气流；并且在移入前用 75%酒精擦拭物品表面消毒，以去除污染物。

3.1.2 打开风机 10 分钟，待柜内空气净化并气流稳定后再进行实验操作。

3.1.3 工作区内不应存放不必要的物品，以保持洁净气流流型不受干扰。

3.1.4 操作时应避免交叉污染。为防止可能溅出的液滴，应准备好 75%的酒精棉球，避免用物品覆盖住安全柜的格栅。

3.1.5 在实验操作时，不可完全打开玻璃视窗，应保证操作人员的脸部在工作窗口之上。在柜内操作时动作应轻柔、舒缓，防止影响柜内气流。

3.1.6 操作完成后，关闭挡风玻璃，保持风机继续运转 5 分钟，同时打开紫外光灯，照射 30 分钟。

3.1.7 安全柜应定期进行清洁消毒，可用 75%酒精或 0.2%新洁尔灭溶液擦拭工作台面；每次检验工作完成后应全面消毒。

3.1.8 柜内使用的物品应在消毒缸消毒后再取出，以防止将标准菌株残留带出而污染环境，造成生物危害。

3.2 生物安全柜使用方法

3.2.1 安全柜采用 LED 液晶面板控制，控制面板包括的功能键有电源开关键、灭菌灯键、风挡键（快速、慢速、无风）、照明键。

3.2.2 插上 220V 交流电源后，按下控制面板上的所示电源开关开启即可使用；需要灭菌时，按灭菌灯键；风挡键有三级（快速、慢速、无风）循环，默认为无风，按一次为慢速，再按为快速，第三次则回到无风，如此循环；平时操作照明，只需按照明键即可。

理论链接4

蒸馏水、去离子水、超纯水的区别

自来水中常含五种杂质：电解质（多种阴阳离子）、有机物质、颗粒物、微生物、溶解气体。所谓水的纯化，就是要去掉这些杂质，杂质去的越彻底，水质也就越纯净。

4.1 蒸馏水

蒸馏水就是将水蒸馏后冷凝的水，蒸二次的叫双蒸水，蒸三次的叫三蒸水。一般普通蒸馏取得的水纯度不高，经过多级蒸馏，出水才可达到很纯，成本相对比较高。

4.2 去离子水

去离子水就是将水通过阳离子交换树脂使水中的阳离子被树脂所吸收，树脂上的阳离子 H^+ 被置换到水中，并和水中的阴离子组成相应的无机酸；含此种无机酸的水再通过阴离子交换树脂（常用的为苯乙烯型强碱性阴离子）OH^- 被置换到水中，并和水中的 H^+ 结合成水，此即去离子水。

4.3 超纯水

超纯水既将水中的导电介质几乎完全去除，又将水中不离解的胶体物质、气体及有机物均去除至很低程度的水。25℃时，电阻率为 $10M\Omega \cdot cm$ 以上，通常接近 $18M\Omega \cdot cm$ 极限值。本实验室用赛多利斯超纯水仪生产超纯水。

第二步：培养用液的保存

理论链接5

培养基各成分及其他溶液的保存

5.1 液体培养基保存

4℃冰箱避光保存，实验前放入 37℃水浴中预热。未加血清液体培养基有效期为 12 个月。液体培养基中的 L–谷氨酰胺会随着储存时间的延长而慢慢分解。如果细胞生长不良，可以再添加适量 L–谷氨酰胺。

5.2 干粉培养基保存

4℃冰箱避光保存，有效期 36 个月。

5.3 消化液

分装保存于–20℃冰箱，同时应避免反复冻融，解冻时先在 4℃慢融，然后在室温下全融；最适消化温度 37℃。

5.4 D-Hanks 平衡液

4℃保存，使用时 37℃预热。

5.5 抗生素溶液

分装保存于–20℃冰箱，4℃密封环境下，5 日内用完。

5.6 血清

5.6.1 需要长期保存的血清必须储存于−20～−70℃低温冰箱中。4℃冰箱中保存时间切勿超过1个月。由于血清结冰时体积会增加约10%，因此，血清在冻入低温冰箱前，必须预留一定体积空间，否则易发生污染或玻璃瓶冻裂。

5.6.2 一般厂商提供的血清为无菌，无需再过滤除菌。如发现血清有悬浮物，则可将血清加入培养液内一起过滤，切勿直接过滤血清。

5.6.3 瓶装血清解冻需采用逐步解冻法：−20℃至−70℃低温冰箱中的血清放入4℃冰箱中溶解一天，然后移入室温，待全部溶解后再分装。切勿直接将血清从−20℃进入37℃解冻，这样因温度改变太大，容易造成蛋白质凝集而出现沉淀。

5.6.4 切勿将血清在37℃放置太久，否则血清会变得浑浊，同时血清中的有效成分会被破坏而影响血清质量。

5.6.5 血清中的沉淀物和絮状物：主要是血清中的脂蛋白变性及解冻后血清中纤维蛋白形成的，这些絮状物不会影响血清本身的质量。可用离心（3000r/min，5分钟）去除，也可不用处理。

第四步：清场工作

（1）将清洗/包扎/灭菌后的试剂瓶、铝盒（内装离心管、EP管、橡皮管）、各种规格枪盒、无菌水等放入电热恒温干燥箱中烘干备用（注意：电热恒温干燥箱需不定时观察，物品烘干后立即关闭电源）。

（2）为保证细胞培养间的无菌环境，每次清场时用0.2%的新洁尔灭拖地，然后打开移动紫外消毒车，然后迅速关门离开细胞培养间，移动紫外消毒车会自动在电源打开1分钟后启动灭菌程序，并在2小时后自动结束灭菌。

四、项目预案

无菌过滤后的试剂需进行试液，若试液发现有菌，需重新过滤或弃液。

五、项目实施

（1）对班级学生进行分组，每二人一组。每次课前找一组学生参与项目前准备工作，对其下发该次项目任务报告书，简单讲解项目内容，教师与这二位学生讨论项目任务、流程及项目预期效果，最后根据讨论的内容进行项目前准备。

（2）在项目实施过程中，由这一组学生配合教师共同完成项目指导工作，并在项目结束后组织本班学生完成清场工作，每组轮流参与项目前准备工作和清场工作。

六、项目评价

项目评价具体详见表3-1～表3-4。

表3-1 项目评价表（满分100分）

评 价 内 容			
学生互评（70分）			教师评价（30分）
完成过程（30分）	完成质量（30分）	团队合作（10分）	项目报告评价（30分）

表3-2 项目评价标准——学生用表

细胞培养液的配制及无菌过滤评价标准——过程评价

任 务	评价内容	分值	考 核 标 准	得 分
细胞培养液的配制及无菌过滤操作过程评价（30分）	基本培养基DMEM的配制及无菌过滤	10分	按要求配制DMEM基本培养基，并在生物安全柜内用一次性滤器进行无菌过滤（10分）	
	胰酶的配制及无菌过滤	10分	按要求配制胰酶，并在生物安全柜内用一次性滤器进行无菌过滤（10分）	
	清场工作	10分	将配制的细胞培养用液进行分装、保存，并按要求对细胞培养间进行灭菌处理（10分）	
完成质量（30分）	基本培养基DMEM的配制及无菌过滤	10分	能按操作要求配制并无菌过滤DMEM，试液结果为无菌，可用（10分）	
	胰酶的配制及无菌过滤	10分	能按操作要求配制并无菌过滤胰酶，试液结果为无菌，可用（10分）	
	清场工作	10分	能按要求分装、保存细胞培养用液，并能对细胞培养间进行无菌处理（10分）	
团队合作（10分）	合作态度	5分	积极参与项目的分工、讨论（5分）	
	合作效率	5分	积极帮助小组成员有效完成任务，分析/解决问题（5分）	
合　计				

表3-3 项目评价标准——教师用表

细胞培养液的配制及无菌过滤评价标准

	评价内容	分值	考 核 标 准	得 分
项目报告书（30分）	基本培养基DMEM的配制及无菌过滤	10分	总结DMEM配制过程的注意事项（10分）	
	胰酶的配制及无菌过滤	10分	总结胰酶配制过程的注意事项（10分）	
	清场工作	10分	对本次项目的完成，有哪些体会可与小组同学分享或有哪些教训需进行总结（10分）	
合　计				

表3-4　细胞培养耗材无菌处理项目评价考核成绩表

组别	姓名	组间互评（学生）			班级评价（教师）	总分值
		项目过程（30分）	完成质量（30分）	团队合作（10分）	项目报告（30分）	
第一组						
第二组						
第三组						
第四组						
第五组						
第六组						

七、项目作业——撰写项目报告书

（1）总结 DMEM 和胰酶配制过程的注意事项。

（2）总结胰酶配制过程的注意事项。

（3）对本次项目的完成，有哪些体会可与小组同学分享或有哪些教训需进行总结。

项目四　贴壁细胞消化传代

一、项目要求

本次教学任务即按照 SOP 操作流程对贴壁动物细胞进行传代培养。

1. 时间要求　8 学时。

2. 质量要求　能根据操作流程进行严格的无菌操作,在无菌条件下对贴壁细胞进行消化传代。

3. 安全要求　能遵守操作规程,保证自身和环境安全。

4. 文明要求　自觉按照文明生产规则进行项目作业,保持个人整洁与卫生,防止人为污染样品。

5. 环保要求　努力按照环境保护要求进行项目作业,按要求进行无菌操作,消化传代操作结束后用84消毒液对废液进行处理,清场后按要求对细胞培养间进行紫外消毒。

6. GMP 要求　按照项目 SOP 进行作业。

二、项目分析

（1）1665 年英国学者 Robert Hooke,用自制的显微镜观察软木的薄片,第一次发现植物的细胞结构,并首次借用拉丁文 Cella（小室）一词,1938～1939 德国植物学家施莱登和动物学家施旺确立了"细胞学说"的基本原则。

1）细胞是有机体,动植物都是由细胞发育来的。

2）每个细胞都作为一个相对的独立单位有自己的"生命"。

3）新的细胞可以通过老的细胞繁殖产生。

（2）动物细胞培养（animal cell culture）:就是从动物机体中取出相关的组织,将它分散成单个细胞（使用胰蛋白酶或胶原蛋白酶）,然后放在适宜的培养基中,让这些细胞生长和增殖。

优点:①活细胞:同时、大量、均一性、重复性;②可控制:各种物理、化学、生物等因素可调控;③研究方法多样:倒置、荧光、电子、激光共焦显微镜、流式细胞术、免疫组织化学、原位杂交、放射性核素标记;④应用广:不同物种、不同年龄、不同组织、正常或异常（肿瘤）。

缺点:①人工所模拟的条件与体内实际情况仍不完全相同;②当细胞被置于体外培养后,生活在缺乏动态平衡的环境中,时间久了必然发生变化。

（3）培养细胞生命期（life span of culture cells）:所谓培养细胞生命期,是指细胞在培养中持续增殖和生长的时间（图 4 – 1）。在细胞生存过程中大致都经历以下三个阶段:

1）原代培养期:又称初代培养,即从体内取出组织接种培养到第一次传代阶段,一般持续 1～4 周。

此期细胞呈活跃的移动,可见细胞分裂,但不旺盛。原代培养细胞与体内原组织在形态结构和功能活动上相似性大。细胞群是异质的（heterogeneous）,也即各细胞的遗传性状互不相同，细胞相互依存性强。

2）传代期：原代培养细胞一经传代后便改称做细胞系（cell line）。在全生命期中此期的持续时间最长。在培养条件较好情况下，细胞增殖旺盛，并能维持二倍体核型，呈二倍体核型的细胞称二倍体细胞系（diploid cell line）。为保持二倍体细胞性质，细胞应在原代培养期或传代后早期冻存。当前世界上常用细胞均在不出十代以内冻存。如不冻存，则需反复传代以维持细胞的适宜密度，以利于生存。但这样就有可能导致细胞失掉二倍体性质或发生转化。一般情况下当传代 10～50 次，细胞增殖逐渐缓慢，以至完全停止，细胞进入第三期。

3）衰退期：此期细胞仍然生存，但增殖很慢或不增殖；细胞形态轮廓增强，最后衰退凋亡。

在细胞生命期阶段，少数情况下在以上三期任何一期（多发生在传代末或衰退期）均可能发生细胞自发转化。转化的标志之一是细胞可能获得永生性，即获得永久性增殖能力，这样的细胞群为无限细胞系，也称连续细胞系。

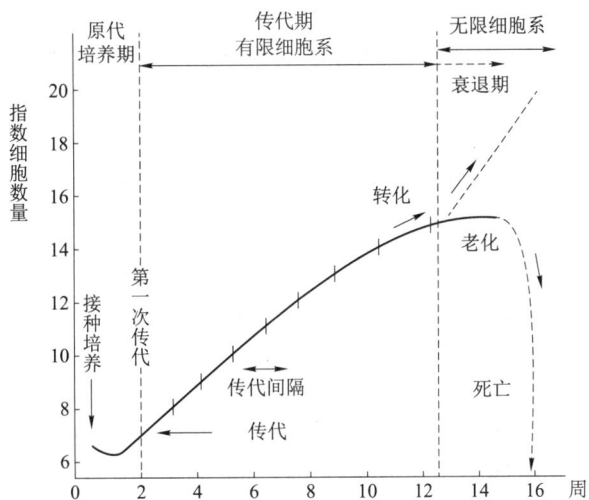

图 4-1　培养细胞生命期

三、项目实施的路径与步骤

（一）项目路径

第一步：　　　　　无菌操作技术

第二步：　　　　　培养基的配制

第三步：　　　　　消化传代操作

第四步：　　　　　清场工作

（二）项目步骤

第一步：无菌操作技术

（1）进入细胞培养间之前，在培养间外的缓冲区穿好干净实验服，套好鞋套，戴好口罩和头套，做好个人防护措施，女性工作人员要将长发置于帽内。

（2）打开生物安全柜的紫外光灯灭菌30分钟，然后关掉紫外光灯，打开照明灯，上推挡风玻璃到安全线内，并打开风机吹3～5分钟，以去除臭氧。

（3）在进行细胞培养工作前每次要用75%酒精擦手消毒，实验用品要用75%酒精擦拭后才能带入无菌操作台内。实验操作应在操作台中央无菌区域内进行，勿在边缘非无菌区域操作。

（4）细胞处理前，液体培养液需要预热：把已经配制好的培养液、D-Hanks平衡缓冲液的容器放入37℃水浴锅内预热或在室温下平衡好。

（5）点燃酒精灯，戴上无菌手套，75%酒精消毒培养瓶口等。以后一切的操作，如安装吸管帽、开启或封闭瓶口等，都需经过火焰烧灼进行。不能用手触及已消毒器皿，如已接触，要用火焰烧灼消毒触及部位或取备品更换。

（6）用右手操作的人员，左手以约45°的角度持培养瓶，轻轻地移去瓶帽，用灭菌吸管缓慢地加入或吸出溶液，避免形成气泡。尽量勿将瓶帽口朝上放在台面上，以防污染物直接落入瓶口。重复火焰灭菌，待瓶口略冷却后盖上瓶帽。

（7）在整个细胞操作过程中，利用台面上的酒精灯的火焰对金属器皿及玻璃器皿口缘进行烧灼消毒。

（8）操作时不要面向操作面讲话或咳嗽，减少污染的机会。

（9）细胞培养工作结束后要及时整理操作台面，扔掉废弃物品，再用紫外线照射至少30分钟以上。

无菌操作注意事项：

（1）操作人员应注意自身的安全，必须穿戴实验衣与手套后才进行实验。对于来自人源性或病毒感染的细胞株应特别小心，并选择适当等级的无菌操作台。操作过程中，应避免气溶胶的产生。

（2）在进行细胞培养操作时，动作要准确、敏捷。

（3）在细胞培养的操作过程中，吸管、毛细滴管等要上下旋转，快速运过火焰；烧过的金属器械要待冷却后才能接触组织或细胞，以免造成损伤。

（4）操作时要保持一定的顺序性，组织或细胞在未作处理之前，勿过早暴露于空气中；培养液在未用前，不要过早开瓶；用过之后如不再重复使用，应立即封闭瓶口。

（5）每次操作只处理一株细胞，以免造成细胞交叉污染。

第二步：培养基配制

10ml哺乳动物完全细胞培养基（混匀）=1ml小牛血清（1:10添加）+ 9ml DMEM高糖培养基+10μl双抗（青霉素和链霉素，1:1000比例添加）（在生物安全柜内无菌操作）

理论链接1

哺乳动物细胞培养基分类

哺乳动物培养基包括天然培养基和合成培养基两种。

1.1　天然培养基

天然培养基主要指来自动物体液或利用组织分离提取的一类培养基，如血浆、血清、淋巴液、鸡胚浸出液等。目前仍然广泛使用的天然培养基是血清（serum），另外组织提取液、促进细胞贴壁的胶原类物质在培养某些特殊细胞时也不可缺少。

1.1.1　血清的种类：主要是牛血清，在培养某些特殊细胞时也用人血清、马血清等。牛血清还分为小牛血清、新生牛血清和胎牛血清。

1.1.2　鼠尾胶原：它的主要作用是促进细胞的贴壁，特别是对上皮类细胞。

1.1.3　组织浸出液：Hanks 缓冲液浸泡组织 30 分钟形成。

1.2　合成培养基

合成培养基是对细胞体内生存环境中各种已知物质在体外人工条件的模拟。但这种模拟不是被动和不加选择的。而是在体外反复实验和筛选、进行强化和重新组合后形成的人工合成培养基，主要成分是氨基酸、维生素、碳水化合物、无机盐和其他一些辅助物质。其优点是标准化生产，组分和含量相对固定，成本低，缺点是缺少某些成分，不能完全满足体外细胞生长需要，还需补充一定量的天然培养基（如血清）。合成培养基现有 20 多种，实际大多数细胞培养选用的培养基仅七八种。常用的有 199 培养基、低限量基础培养基（minimum essential media，MEM）、DMEM（Dulbecco's modified Eagle medium）、IMDM（Iscove's modified Dulbecco's medium）、RPMI1640 等。合成培养基包括基本培养基、无血清培养基、无蛋白培养基三种。

1.2.1　基本培养基：也叫基础合成培养基，是物质组成最简单的一种培养基。最初研制合成培养基，就希望使其完全替代天然培养基，但结果却没有像人们所预期的那样，许多合成培养基都只能使体外培养细胞短暂生存，只有在添加了少量天然培养基（血清）之后，细胞才能在其中长期生长繁殖，这类合成培养基称为"基本培养基"或"通用培养基"，在添加了一定比例的天然培养基之后，称之为"完全培养基"。

1.2.2　无血清培养基：虽然基础培养基加少量血清所配制的完全培养基可以满足大部分细胞培养实验的要求，但对有些实验却不适合，如观察一种生长因子对某种细胞的作用，又如测定某种细胞在培养过程中分泌某种物质（抗体、生长因子）的能力。无血清培养基：基础培养液+添加组分。添加组分包括以下几大类物质：促贴壁物质，促生长因子及激素、酶抑制剂、结合蛋白和转运蛋白、微量元素。

1.2.3　无蛋白培养基：不含动物蛋白的培养基。添加了植物水解物以替代动物激素、生长因子的作用。

1.2.4　限定化学成分培养基（CDM）：是指培养基中的所有成分都是明确的，它不含有动物蛋白，也不添加植物水解物，而是使用一些已知结构与功能的小分子化合物，如短肽、植物激素等。

天然培养基——血清

血清在细胞的生长繁殖中发挥着重要甚至是难以替代的作用,它是细胞培养中用量最大的天然培养基,含有丰富的细胞生长必需的营养成分,具有极为重要的功能。

2.1 血清种类

目前用于组织培养的血清主要是牛血清,培养某些特殊细胞也用人血清、马血清等。牛血清对绝大多数哺乳动物细胞都是适合的,但并不排除在培养某种细胞时使用其他动物血清更合适。牛血清分为小牛血清、新生牛血清、胎牛血清。胎牛血清取自剖腹产的胎牛;新生牛血清取自出生24小时之内的新生牛;小牛血清取自出生10~30天的小牛。显然,胎牛血清是品质最高的,因为胎牛还未接触外界,血清中所含的抗体、补体等对细胞有害的成分最少。

2.2 血清的主要成分

血清是由血浆去除纤维蛋白而形成的一种很复杂的混合物,其组成成分虽大部分已知,但还有一部分尚不清楚,且血清组成及含量常随供血动物的性别、年龄、生理条件和营养条件不同而异。血清中含有各种血浆蛋白、多肽、脂肪、碳水化合物、生长因子、激素、无机物等。

2.3 血清主要作用

2.3.1 提供基本营养物质:氨基酸、维生素、无机物、脂类物质、核酸衍生物等,是细胞生长必需的物质。

2.3.2 提供结合蛋白:结合蛋白作用是携带重要的低分子量物质,如白蛋白携带维生素、脂肪以及激素等,转铁蛋白携带铁。结合蛋白在细胞代谢过程中起重要作用。

2.3.3 提供促进接触和伸展因子使细胞贴壁免受机械损伤。

2.3.4 对培养中的细胞起到某些保护作用:有一些细胞,如内皮细胞、骨髓样细胞可以释放蛋白酶,血清中含有抗蛋白酶成分,起到中和作用,这种作用是偶然发现的,现在则有目的的使用血清来终止胰蛋白酶的消化作用。因此胰蛋白酶已经被广泛用于贴壁细胞的消化传代。血清蛋白形成了血清的黏度,可以保护细胞免受机械损伤,特别是在悬浮培养搅拌时,黏度起到重要作用。血清还含有一些微量元素和离子,它们在代谢解毒中起重要作用,如SeO_3,硒等。

2.4 细胞培养中使用血清的缺点

血清成分复杂,虽含许多对细胞有利成分,也含有对细胞有害的成分,使血清有几个明显的缺点:

2.4.1 对大多数细胞,在体内状态,血清不是它们接触的生理学液体,只是在损伤愈合以及血液凝固过程中才接触血清,因此使用血清有可能改变某种细胞在体内的正常状态,血清可能促进某些细胞的生长(成纤维细胞)同时抑制另一类细胞生长(表皮细胞)。

2.4.2 血清含一些对细胞产生毒性的物质,如多胺氧化酶,能与来自高度繁殖细胞的多胺反应(如精胺、亚精胺)形成有细胞毒性作用的聚精胺。补体、抗体、细菌毒素等都会影响细胞生长,甚至造成细胞死亡。

2.4.3 动物个体不同,血清产地、批号不同,每批质量差异甚大,其成分不能保持一致。

2.4.4 取材中可能带入支原体、病毒,对细胞产生潜在影响,可能导致实验失败或实验结果不可靠。

2.4.5 血清的使用使得实验和生产的标准化困难,其中的蛋白质使得某些转基因蛋白生物药品生产中分离纯化工作很难完成。

2.4.6 大规模生产中,血清来源越来越困难,价格昂贵,是动物细胞培养中生产成本的主要部分之一。

2.5 血清质量简单判断

判断血清质量先从外观入手,好的血清应该是透明清亮,土黄色或棕黄色,无沉淀或极少沉淀,比较黏稠。如发现血清浑浊、不透明、沉淀物多,说明血清污染或血清中的蛋白质变性;若血清呈棕红色,说明血清中的血红蛋白含量太高,取材时有溶血现象;如果摇晃时感觉液体稀薄,说明血清中掺入的生理盐水太多。

理论链接3

体外培养细胞的分型

体外培养的细胞分为贴附型生长和悬浮型生长两大类。悬浮型细胞在培养中悬浮生长;贴附型细胞在培养时能贴附在支持物表面生长。常表现为成纤维型细胞和上皮细胞生长。

3.1 贴壁型细胞

绝大多数培养细胞必须贴附在培养瓶壁等支持物上才能生长。根据培养细胞在支持物上贴壁生长时的状态,可大致分为以下四种类型。

3.1.1 成纤维型细胞:细胞贴壁后在支持物表面呈梭形或不规则三角形生长,细胞中央有卵圆形胞核,胞质向外伸出 2~3 个长短不同的突起,除了真正的成纤维细胞外,凡由中胚层间质起源的组织细胞,如心肌、血管内皮细胞等常呈此类形态生长。

3.1.2 上皮型细胞:此类细胞在培养器皿支持物上生长,呈扁平不规则多角形,中间有胞核,细胞紧密相连呈单层模样生长状态。起源于内、外胚层细胞,如皮肤、表皮衍生物、消化管上皮等组织细胞培养时,呈上皮型形态生长。

3.1.3 游走型细胞:本型细胞贴附于在支持物上散在生长,一般不连成片。细胞质经常伸出伪足或突起,呈活跃的游走或变形运动,速度快且不规则。此型细胞形状很不稳定,有时不易和其他细胞区别。单核细胞、巨噬细胞及某些肿瘤细胞在体外培养时常呈现此种形态。

3.1.4 多形型细胞:生长时像神经细胞那样呈多角形,并伸出较长的神经纤维,常见的有神经元和神经胶质细胞。

3.2 悬浮型细胞

某些细胞在体外培养时不需要贴附在支持物上,而是呈悬浮状态生长,如血液中的淋巴细胞、白细胞以及某些肿瘤细胞等。悬浮型细胞在瓶皿内生长时不贴壁,生存空间大,能繁殖大量细胞,容易进行传代培养。

理论链接4

体外培养细胞的生长特点

细胞在体外培养生长时具有一些特点，如贴附、接触抑制和密度抑制。

4.1 贴附

细胞的贴壁和伸展受许多因素的影响，如 Ca^{2+}、机械、物理因素等。

4.2 接触抑制

当两个细胞由于移动而互相靠近发生接触时，细胞不再移动，停止运动，这种由细胞接触而抑制细胞运动的现象称为接触抑制。正常细胞不互相重叠于其上面生长，但肿瘤细胞可重叠生长。肿瘤细胞由于无接触抑制而能够继续移动和增殖，导致细胞向三维空间扩展，使细胞发生堆积，可作为区别正常细胞与癌细胞标志之一。

4.3 密度抑制

细胞稀少时，生长迅速；一旦细胞生长汇合成片时，便分裂停止，这种细胞可在静止状态下维持存活一段时间，但不发生分裂增殖，这种生长特性即为生长密度抑制。

第三步：贴壁细胞消化传代操作

理论链接5

细胞传代方法

根据细胞生长的特点，传代方法有 3 种：

5.1 悬浮生长细胞传代

5.1.1 离心法传代：离心（1000r/min）去上清，沉淀物加新培养液后再混匀传代。

5.1.2 直接传代法：悬浮细胞沉淀在瓶壁时，将上清培养液去除 $1/2 \sim 2/3$，然后用吸管直接吹打形成细胞悬液再传代。

5.2 半悬浮生长细胞传代

此类细胞部分呈现贴壁生长现象，但贴壁不牢，可用直接吹打法使细胞从瓶壁脱落下来，进行传代。

5.3 贴壁生长细胞传代

采用酶消化法传代，常用的消化液有 0.25%的胰蛋白酶液。

理论链接6

胰酶-EDTA 消化液消化原理

本实验室由于培养的是贴壁动物细胞，所以用胰酶细胞消化液（trypsin-EDTA）进行消化传代，消化液内含 0.25%的胰酶以及 0.02%的 EDTA，此消化液消化快速，大概约 1 分钟左右即可消化大多数的贴壁细胞。其消化原理为：

胰酶是一种蛋白酶，通过在特定位置上降解蛋白，使贴壁细胞细胞膜上与培养皿壁结合处的蛋白降解，从而两者分离。这时细胞由于自身内部细胞骨架的张力以及培养液表面张力作用下成为球形，而EDTA可破坏细胞间的连接。

因为血清对胰酶有终止作用，所以在无菌操作过程中，可用配制好的含血清的新鲜培养基终止胰酶的消化作用。

胰酶使用注意事项：

（1）胰蛋白酶最适消化温度是 37℃，为了加快消化速度，可将加胰酶的培养皿放入培养箱；胰酶用量根据培养器皿的大小而定，以没过细胞层即可。

（2）在使用胰酶细胞消化液的过程中要特别注意避免消化液被细菌污染。

（3）胰酶细胞消化液消化细胞时间不宜过长，否则细胞铺板后生长状况会较差，消化不足则细胞难于从瓶壁上吹下；消化过程若反复吹打同样也会损伤细胞活性。

理论链接7

细胞培养的有关概念

7.1 体外培养（in vitro culture）

体外培养就是将活体结构成分或活的个体从体内或其寄生体内取出，放在类似于体内生存环境的体外环境中，让其生长和发育的方法。

7.2 组织培养

组织培养是指从生物体内取出活的组织（多指组织块）在体外进行培养的方法。

7.3 细胞培养

细胞培养是指将活细胞（尤其是分散的细胞）在体外进行培养的方法。

7.4 器官培养

器官培养是指从生物体内取出的器官（一般是胚胎器官）、器官的一部分或器官原基在体外进行培养的方法。

7.5 细胞株（cell strain）

从原代培养细胞群中筛选出的具有特定性质或标志的细胞群，能够繁殖50代左右，在培养过程中其特征始终保持。

7.6 细胞系（cell line）

细胞系指原代细胞培养物经首次传代成功后所繁殖的细胞群体，即称之为细胞系。

7.7 有限细胞系（finite cell line）

细胞系的生存期有限，不能连续传代培养，大多为二倍体细胞（Hayflick界限）。

7.8 无限（连续）细胞系（infinite cell line）

已获得无限增殖能力，能持续生存、连续传代的细胞系。大多已发生异倍化，具异倍体核型。

7.9 克隆（clone）

克隆亦称无性繁殖系或无性系。对细胞来说，克隆是指由同一个祖先细胞通过有丝分裂产生的遗传性状一致的细胞群。

7.10 传代（subculture generation）

传代指从细胞分离接种到分离再培养时的一段时间；通常细胞要分裂 3～5 次，传一次即一代。每代细胞一般要经过三个生长阶段：潜伏期、指数生长期和停滞期。

理论链接8

每一代细胞生长阶段

所有体外培养的细胞包括原代培养和各种细胞系（株），生长达到一定的密度后都要做传代处理。传代的频率和间隔与接种细胞数量、细胞生物学性质以及营养液性质等有关。一般细胞接种后每代细胞要经过三个生长阶段，即培养细胞生长过程：潜伏期→指数增生期→停滞期（图 4-2）。

8.1 潜伏期

细胞接种入新的培养器皿后，细胞质回缩，胞体呈圆球形，先悬浮于培养液中，然后细胞贴附于载体表面并逐渐伸展，恢复其原来的状态称贴壁。细胞贴壁速度与细胞种类等密切相关。原代培养细胞贴壁速度慢，可达 10～24 小时或更多，而传代细胞系贴壁速度快，通常 10～30 分钟即可贴壁。细胞贴壁后还需经过一个潜伏阶段，细胞分裂并逐渐增多而进入指数生长期。原代培养细胞潜伏期长，24～96 小时或更长，连续细胞系和肿瘤细胞潜伏期短，仅需 6～24 小时。

8.2 指数生长期

指数生长期又称对数期，是细胞增殖最旺盛的阶段，分裂相细胞增多，是细胞一代中活力最好时期，是进行各种实验研究的最佳时期，也是冻存细胞的最好时机。指数增生期细胞分裂相数量可作为判定细胞生长是否旺盛的一个重要标志。通常以细胞分裂相指数 MI 表示，即细胞群中每 1000 个细胞中的分裂相数。一般细胞的分裂指数介于 0.1%～0.5%，原代细胞分裂指数较低，而连续细胞和肿瘤细胞分裂相指数可高达 3%～5%；一般可持续 3～5 天。

8.3 停滞期

停滞期又称平台期，细胞数量达饱和密度后，停止增殖，进入停滞期（平台期）。此期细胞虽不增殖，但仍有代谢活动并可继续存活一段时间。此时应尽快传代培养，传代不及时，培养液中营养耗尽、代谢产物积聚、pH 降低等因素将造成细胞中毒，发生形态改变，贴壁细胞从瓶壁脱落、死亡。传代过晚影响下一代细胞的机能状态。

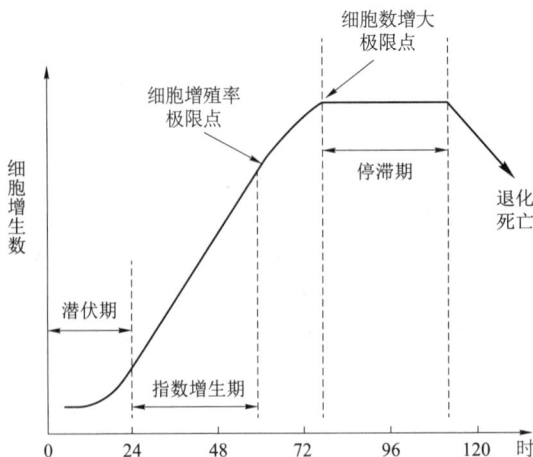

图 4-2 每一代细胞生长阶段

贴壁细胞消化传代步骤：

（1）培养箱取一个培养皿（规格 35mm×35mm）（两人一个，不可面对打开的培养箱说话）。

（2）用 1ml 移液器吸掉旧培养液（吸头紧贴培养皿边壁底部吸取）。

（3）用 D-Hanks 液洗涤细胞 1～2 次（取 1ml D-Hanks 液，靠近培养皿边壁底部加液和取液）。

（4）加入 trypsin-EDTA（胰酶-EDTA）溶液 150μl，让胰酶没过培养皿底部，然后放入培养箱内 2～3 分钟（可随时取出消化中细胞，在显微镜下观察细胞形态变化）。

（5）于倒置显微镜下观察，当细胞将要分离而呈现圆粒状时，甚至有部分细胞漂起来时，加入 1ml 含血清的新鲜培养基终止胰酶作用。

（6）用 200μl 的移液器轻吹培养皿使细胞自皿底脱落，上下吸打数次以打散细胞团块，混合均匀（吸头保持在液面下吹吸，避免吹打产生气泡）。

（7）取 1ml 培养基放入一个新的培养皿中，让培养基完全盖住皿底。

（8）取 500μl 已消化好的细胞培养液放入一个新培养皿中，盖好皿盖，在旧皿中也加入 1ml 培养基，将两个皿呈十字型轻轻平推以混匀细胞。

（9）用记号笔在皿盖写好细胞名称（如 293 cell），传代日期，班级，姓名，然后放入培养箱孵育。

（10）整理好超净台，用 75% 酒精彻底擦拭超净台。废液缸内容物用 84 消毒液处理后倒掉。未用完的试剂用封口膜封好，放入 4℃冰箱保存，血清需放入－20℃温度保存。

实践链接1

移液器操作规程

1.1 移液器（型号：吉尔森 P 型）操作规程

一个完整的移液循环，包括吸头安装—容量设定—预洗吸头—吸液—放液—卸去吸头等六个步骤。每一个步骤都有需要遵循的操作规范。

1.1.1 吸头安装：正确的安装方法叫旋转安装法，具体的做法是，把白套筒顶端插入吸头，在轻轻用力下压的同时，把手中的移液器按逆时针方向旋转 180°。切记用力不能过猛，更不能采取剁吸头的方法来进行安装，因为那样做会对手中的移液器造成不必要的损伤。

1.1.2 容量设定：正确的容量设定分为两个步骤，一是粗调，即通过排放按钮将容量值迅速调整至接近自己的预想值；二是细调，当容量值接近自己的预想值以后，应将移液器横置，水平放至自己的眼前，通过调节轮慢慢地将容量值调至预想值，从而避免视觉误差所造成的影响。在容量设定时，还有一个需要特别注意的地方。当从大值调整到小值时，刚好就行；但从小值调整到大值时，就需要调超三分之一圈后再返回，这是因为计数器里面有一定的空隙，需要弥补。

1.1.3 预洗吸头：在安装了新的吸头或增大了容量值以后，应该把需要转移的液体吸取、排放 2～3 次，这样做是为了让吸头内壁形成一道同质液膜，确保移液工作的精度和准度，使整个移液过程具有极高的重现性。其次，在吸取有机溶剂或高挥发液体时，挥发性气体会在白套筒室内形成负压，从而产生漏液的情况，这时就需要我们预洗 4~6 次，让白套筒室内的气体达到饱和，负压就会自动消失。

1.1.4 吸液：先将移液器排放按钮按至第一停点，再将吸头垂直浸入液面，浸入的深度为：P2、P10 小于或等于 1mm，P20、P100、P200 小于或等于 2mm，P1000 小于或等于 3mm，P5ML、P10ML 小于或等于 4mm（浸入过深的话，液压会对吸液的精确度产生一定的影响，当然，具体的浸入深度还应根据盛放液体的容器大小灵活掌握），平稳松开按钮，切记不能过快。

1.1.5 放液：放液时，吸头紧贴容器壁，先将排放按钮按至第一停点，略作停顿以后，再按至第二停点，这样做可以确保吸头内无残留液体，如果这样操作还有残留液体存在的话，就应该考虑更换吸头。

1.1.6 卸掉吸头：卸掉的吸头一定不能和新吸头混放，以免产生交叉污染。

1.2 两点检查法

这是可以对手中移液器进行快速检查的一种简单方法，通过检查，来判断我们手中的移液器是否处于一种正常的工作状态。

1.2.1 测漏：首先，取一个透明的容器，装上水，将需要测试的移液器装上吸头，吸上水，如果是 P2、P10、P20、P100、P200 的移液器，将吸头浸入液面 1~2mm，静待 20 秒，观察吸头内部液面是否下降，如果下降了，就说明手中的移液器出现了漏气的情况；如果是 P1000、P5000、P10ML 的移液器，将吸头朝下悬垂 20 秒，观察是否有液体下滴，如果有，说明手中的移液器出现了漏气的情况。

1.2.2 查找故障原因：首先，检查吸头安装是否到位，换掉吸头再次测试，以排除因吸头的关系产生漏气情况；接着，检查白套筒的端口部分（即白套筒与吸头接触的部分）是否有刮痕；然后，再检查白套筒与手柄之间的连接螺帽是否松动。如果这些情况都没有，说明密封圈或活塞组件有损坏。

1.2.3 检查外观：按动排放按钮，感觉是否顺畅，听是否有噪音，观察排放杆是否有弯曲；旋转调节按钮，观察计数器的读数是否有偏差。

1.3 维护保养

1.3.1 定期清洁移液器，用酒精棉擦洗即可，主要擦拭手柄、弹射器及白套筒外部，既可以保持美观，又降低了对样品产生污染的可能性。

1.3.2 在吸取过高挥发、高腐蚀液体后，应将整支移液器拆开，用蒸馏水冲洗活塞杆及白套筒内壁，并在晾干后安装使用。以免挥发性气体长时间吸附于活塞杆表面，对活塞杆产生腐蚀，损坏移液器。

实践链接2

倒置显微镜操作规程及注意事项

2.1 倒置显微镜（型号：OLYMPUS_IX71）（图 4-3）操作规程

2.1.1 接通电源线：打开电源开关，同时按下显微镜前面的按钮（在打开电源开关前要将光强调节钮调至较小位置）。

2.1.2 用光路选择杆选择"观察"光路（有眼睛图形），选择所需放大倍数的物镜，并将选择环置于相应的位置（1-PHL: 4×；2-PHC: 10×；3-PH2: 40×，4 为明场），使用光调节旋钮和滤光片，调节至适当亮度。

2.1.3 将标本放在载物台上，转动粗微调调节视野内图像清晰。

2.1.4 调节目镜使观察舒适。

2.1.5 如需拍照，则打开电脑选择所需软件，将光路杆调至"旁路光口"（有相机图形），即可拍摄并保存。

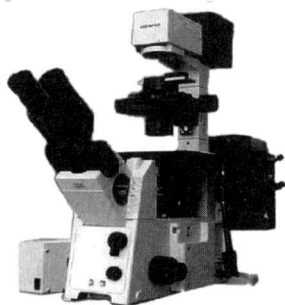

图 4-3 倒置显微镜（OLYMPUS_IX7）

2.1.6 使用完毕后，关闭主开关（至 OFF），取下电源插头等到灯完全冷却，把防尘罩盖上。

2.2 倒置显微镜操作注意事项

2.2.1 保持显微镜清洁：及时清理污渍，如光学元件上附有灰尘，则应用吹风球吹去；对于有脏污的地方，用 7:3 的乙醚无水酒精清洁液黏在镜头纸上，从透镜内到外进行圆圈式轻拭，严禁用手指或其他物体直接接触镜头。

2.2.2 打开荧光光源后，至少要 15 分钟后才能关闭，关闭后至少要 5 分钟才能再次开启，不需要使用荧光时禁止打开其电源开关。

理论链接9

培养物的污染

按现代的观念，凡是混入培养环境中对细胞生存有害的成分和造成细胞不纯的异物都应该视为污染。根据这一概念，组织培养污染物应包括：①生物（真菌、细菌、病毒和支原体）；②化学物质（影响细胞生存、非细胞所需的化学成分）；③细胞（非同种的其他细胞）。

9.1 培养物的污染

9.1.1 污染途径

9.1.1.1 空气：空气是微生物及尘埃颗粒传播的主要途径。因此，培养设施不能设在通风场所。无菌操作应在净化台内进行，工作时要戴口罩，以免因讲话、咳嗽等使外界污染进入操作面造成污染。

9.1.1.2 器材：各种培养器皿、器械消毒不彻底和洗刷不干净导致污染，另外需要对培养箱进行定期消毒，防止形成污染。

9.1.1.3 操作：实验操作无菌观念不强，培养两种细胞以上时，交叉使用吸管或培养液、培养瓶等有可能导致细胞交叉污染。

9.1.1.4 血清：有些血清在生产时就已经被支原体或病毒等污染，变成了污染源。

9.1.2　污染对培养细胞的影响：培养细胞一旦发生污染多数将无法挽回。细胞污染早期或污染程度较轻时，如果能及时去除污染物，部分细胞有可能恢复。污染物持续存在培养环境中，轻者细胞生长缓慢，分裂象减少，细胞变得粗糙，轮廓增强，细胞质出现颗粒；污染较严重，细胞增殖停止，分裂象消失，细胞质中出现大量堆积物，细胞变圆、脱壁。

9.1.2.1　细菌污染对培养细胞的影响及污染物的检测：常见的污染细菌有大肠杆菌、假单孢菌、葡萄球菌等。细菌污染初期由于培养体系的抗生素作用，其繁殖处于抑制状态，细胞生长不受明显影响，污染情况用倒置显微镜观察不易判断。

检测：取 10ml 细胞悬液离心 1000 转，5 分钟，沉淀中加入无抗生素培养液 2ml，将细胞放培养箱培养。当污染细菌时，培养系统中产生大量细菌，几个小时后，增殖的细菌就导致培养液外观浑浊，肉眼即可以判断。用相差显微镜观察，可见满视野都是点状的细菌颗粒，原来的清晰培养背景变得模糊，大量的细菌甚至可以覆盖细胞，对细胞的生存构成威胁。用青霉素、链霉素可以预防细菌污染。

9.1.2.2　真菌污染对细胞的影响及污染物的检测：微生物污染中以真菌最多，真菌污染后易于发现，大多呈白色或浅黄色小点漂浮于培养液表面，肉眼可见；有的散在生长，镜下可见呈丝状、管状、树枝状，纵横交错穿行于细胞之间。念珠菌和酵母菌卵圆形，散在细胞周边和细胞之间生长。真菌生长迅速，能在短时间内抑制细胞生长、产生有毒物质杀死细胞。抗真菌制剂对预防和排除真菌污染有效。

9.1.2.3　支原体污染对细胞影响及污染物的检测：细胞培养（特别是传代细胞）被支原体污染是个世界性问题，是细胞培养中最常见的、干扰试验结果的一种污染。

检测：支原体最突出的结构特征是没有细胞壁，一般来讲，对作用于细胞壁生物合成的抗生素，如β–内酰胺类、万古霉素等完全不敏感；对多黏菌素（polymycin）、利福平、磺胺药物普遍耐药。对支原体最有抑制活性及常用于支原体感染治疗的抗生素是四环素类、大环内酯类及一些氟喹诺酮。

实践链接3

培养物污染的防止

3.1　器皿准备中的预防
严格消毒，做到真正洁净。

3.2　开始操作前的预防
定期清洗或更换超净台的空气滤网，检查新配置的培养液，确认无菌方可使用；操作前提前半小时启动超净台的紫外光灯消毒；操作应戴口罩，消毒双手。

3.3　操作过程中的预防
主要包括：超净台内放置的所有培养瓶瓶口不能与风向相逆，不允许用手触及器皿的无菌部分，在安装吸管帽、开启或封闭瓶口操作时要经过酒精灯烧灼，并在火焰附近工作；吸取培养液、细胞悬液等液体时，应专管专用，使用培养液前，不宜较早开启瓶口；

开瓶后的培养瓶应保持斜位，避免直立；不再使用的培养液应立即封口；操作时不要交谈、咳嗽。

3.4 无菌室的彻底消毒

3.4.1 过氧乙酸熏蒸法：过氧乙酸是常用的氧化消毒剂。用约 100ml 的市售过氧乙酸溶液（30%）加热熏蒸，密闭细胞室约 4 小时以上待气味彻底挥发后方可使用。用于无菌室消毒时，药效优于甲醛熏蒸法。

3.4.2 甲醛熏蒸法：$KMnO_4$ 5g，加甲醛（40%）8ml，混合放入一开放容器内，立即可见白色甲醛烟雾产生。清除污染时气体需要与物体表面至少接触 8 小时。熏蒸后，该区域必须彻底通风后才能允许人员进入。可以采用气态碳酸氢铵来中和甲醛。

第四步：清场工作

为保证细胞培养间的无菌环境，每次清场时用 0.2% 的新洁尔灭拖地，然后打开移动紫外消毒车，迅速关门离开细胞培养间，移动紫外消毒车会自动在电源打开 1 分钟后启动灭菌程序，并在 2 小时后自动结束灭菌。

四、项目预案

细胞污染后该如何处理：

（1）立即用 84 消毒液处理并扔掉污染细胞。

（2）检测培养试剂是否有污染（试液），若试剂被污染，也要进行无菌处理或扔掉。

（3）用 75% 酒精彻底清洗培养箱。

（4）出现大规模污染时，甲醛高锰酸钾熏蒸灭菌整个培养间。

五、项目实施

（1）对班级学生进行分组，每二人一组。每次课前找一组学生参与项目前准备工作，对其下发该次项目任务报告书，简单讲解项目内容，教师与这二位学生讨论项目任务、流程及项目预期效果，最后根据讨论的内容进行项目前准备。

（2）在项目实施过程中，由这一组学生配合教师共同完成项目指导工作，并在项目结束后组织本班学生完成清场工作，每组轮流参与项目前准备工作和清场工作。

六、项目评价

项目评价详见表 4-1～表 4-4。

表 4-1 项目评价表（满分 100 分）

评 价 内 容			
学生互评（70 分）			教师评价（30 分）
完成过程（30 分）	完成质量（30 分）	团队合作（10 分）	项目报告评价（30 分）

表4-2 项目评价标准——学生用表

贴壁细胞消化传代项目评价标准——过程评价

任务	评价内容	分值	考核标准	得分
贴壁细胞消化传代操作过程评价（30分）	培养前准备	5分	培养前准备，超净台紫外灭菌，打开紫外光灯吹，以去除臭氧（2分）	
			戴一次性无菌手套，用75%酒精擦拭超净台，所有放入超净台的物品必须用75%的酒精处理（3分）	
	弃旧液	5分	培养箱取一个培养皿；用1ml移液器吸掉旧培养液（2分）	
			用D-PBS洗涤细胞1～2次（3分）	
	胰酶消化	10分	加入胰酶-EDTA溶液150μl，让胰酶没过培养皿底部，然后放入培养箱2～3分钟（可随时取出消化中细胞，在显微镜下观察）（5分）	
			于倒立显微镜下观察，当细胞将要分离而呈现圆粒状时，甚至有部分细胞漂起来时，加入1ml含血清的新鲜培养基终止胰酶作用（5分）	
	分皿传代	5分	用200μl的移液器轻吹培养皿使细胞自皿底脱落，上下吸放数次以打散细胞团块，混合均匀（2分）	
			取1ml培养基放入一新的培养皿中，让培养基完全盖住皿底（1分）	
			取500μl已消化好的细胞培养液放入一个新培养皿中，盖好皿盖，呈十字型轻轻平推混匀（2分）	
	清场工作	5分	用记号笔在皿盖写好细胞名称、传代日期、班级、姓名，然后放入培养箱孵育（1分）	
			整理好超净台，用75%酒精彻底擦拭超净台（2分）	
			废液缸内容物用84消毒液处理后倒掉。未用完的试剂用封口膜封好，放入4℃冰箱保存，血清需放入－20℃（2分）	
完成质量（30分）	学习态度	10分	态度端正，积极认真，操作规范，按要求完成任务（10分）	
	细胞贴壁程度	5分	细胞消化传代后是否贴壁、汇聚率是否达要求（5分）	
	细胞生长状态	5分	细胞生长状态是否良好（5分）	
	是否污染	10分	传代后的细胞有没有污染；若污染，能否判断是哪种类型的污染（10分）	
团队合作（10分）	合作态度	5分	积极参与项目的分工、讨论（5分）	
	合作效率	5分	积极帮助小组成员有效完成任务，分析/解决问题（5分）	
合计				

表 4-3 项目评价标准——教师用表

贴壁细胞消化传代项目评价标准

任 务	评价内容	分值	考 核 标 准	得 分	
项目报告书 （30分）	培养基配置	5分	进行细胞培养时，培养基成分主要有哪些，该如何配制（5分）		
	仪器试剂耗材总结	10分	贴壁细胞消化传代过程所用到的试剂、耗材、仪器有哪些？各有何作用（10分）		
	操作注意事项总结	10分	总结贴壁细胞消化传代操作过程注意事项（10分）		
	经验教训总结	5分	对本次项目的完成，有哪些体会可与小组同学分享或有哪些教训需进行总结（5分）		
合 计					

表 4-4 细胞培养耗材无菌处理项目评价考核成绩表

组别	姓名	组间互评（学生）			班级评价（教师）	总分值
		项目过程（30分）	完成质量（30分）	团队合作（10分）	项目报告（30分）	
第一组						
第二组						
第三组						
第四组						
第五组						
第六组						

七、项目作业——撰写项目报告书

（1）进行细胞培养时，培养基成分有哪些，该如何配制？

（2）贴壁细胞消化传代过程所用到的试剂、耗材、仪器有哪些？各有何作用？

（3）总结贴壁细胞消化传代操作过程注意事项。

（4）对本次项目的完成，有哪些体会可与小组同学分享或有哪些教训需进行总结？

项目五　细胞计数及活性检测

一、项目要求

本次教学任务即掌握用血细胞计数板进行细胞计数及用台盼蓝染色法进行细胞活性检测技术。

1. 时间要求　4 学时。

2. 质量要求　能根据细胞计数及台盼蓝染色法操作规程对细胞进行计数及活性检测。

3. 安全要求　能遵守操作规程，保证自身和环境安全。

4. 文明要求　自觉按照文明生产规则进行项目作业，保持个人整洁与卫生，防止人为污染样品。

5. 环保要求　努力按照环境保护要求进行项目作业，按要求进行操作，清场后按要求对动物细胞培养实验室进行紫外消毒。

6. GMP 要求　按照项目 SOP 进行作业。

二、项目分析

细胞活性测定方法有台盼蓝染色法、克隆（集落）形成法、^{3}H 放射性核素掺入法、MTT 法等。其中 MTT 法以其快速简便，不需要特殊检测仪器、无放射性核素、适合大批量检测的特点而得到广泛的应用。但 MTT 法形成的蓝紫色结晶甲䐶（formazan）为水不溶性的，需要加有机溶剂溶解，由于在去上清液操作时会有可能带走小部分的甲䐶，故有时重复性略差。为了解决这个问题，研究人员又开发了很多种水溶性的四氮唑盐类，如 XTT、CCK-8（WST-8）等。

1. MTT 法　MTT 化学名为 3-（4，5-二甲基噻唑-2）-2，5-二苯基四氮唑溴盐，商品名为噻唑蓝。检测原理为活细胞线粒体中的琥珀酸脱氢酶能使外源性 MTT 还原为水不溶性的蓝紫色结晶甲䐶并沉积在细胞中，而死细胞无此功能。二甲基亚砜（DMSO）能溶解细胞中的甲䐶，用酶联免疫检测仪在 490nm 波长处测定其光吸收值，可间接反映活细胞数量。在一定细胞数范围内，MTT 结晶形成的量与细胞数成正比。该方法已广泛用于一些生物活性因子的活性检测、大规模的抗肿瘤药物筛选、细胞毒性试验以及肿瘤放射敏感性测定等。它的特点是灵敏度高、经济。

缺点：由于 MTT 经还原所产生的甲䐶产物不溶于水，需被溶解后才能检测，这不仅使工作量增加，也会对实验结果的准确性产生影响，而且溶解甲䐶的有机溶剂对实验者也有损害。

2. XTT 法　XTT 化学名为 2,3-bis（2-methoxy-4-nitro-5-sulfophenyl)-5-[（phenylamino）carbonyl］-2H-tetrazolium hydroxide，作为线粒体脱氢酶的作用底物，被活细胞还原成水溶性的橙黄色甲䐶产物。当 XTT 与电子偶合剂（如 PMS）联合应用时，其所产生的水

溶性的甲臜产物的吸光度与活细胞的数量成正比。

优点：①使用方便，省去了洗涤细胞；②检测快速；③灵敏度高，甚至可以测定较低细胞密度；④重复性优于 MTT。

缺点：XTT 水溶液不稳定，需要低温保存或现配现用。

3. CCK-8 法或称 WST-8 法　CCK-8 试剂中含有 WST-8，化学名为 2-（2-甲氧基-4-硝基苯基）-3-（4-硝基苯基）-5-（2，4-二磺酸苯）-2H-四唑单钠盐，它在电子载体 1-甲氧基-5-甲基吩嗪硫酸二甲酯（1-methoxy PMS）的作用下被细胞线粒体中的脱氢酶还原为具有高度水溶性的黄色甲臜产物。生成的甲臜的数量与活细胞的数量成正比。用酶联免疫检测仪在 450nm 波长处测定其光吸收值，可间接反映活细胞数量。该方法已被广泛用于一些生物活性因子的活性检测、大规模的抗肿瘤药物筛选、细胞增殖试验、细胞毒性试验以及药敏试验等。

优点：①使用方便，省去了洗涤细胞，不需要放射性核素和有机溶剂；②检测快速；③灵敏度高，甚至可以测定较低细胞密度；④重复性优于 MTT；⑤对细胞毒性小；⑥为 1 瓶溶液，毋需预制，即开即用。

缺点：①与 MTT 相比，CCK-8 和 XTT 的价格比较贵；②CCK-8 试剂的颜色为淡红色，与含酚红的培养基颜色接近，若不注意容易漏加或多加。

本实验室采用台盼蓝染色法测定细胞活性。

三、项目实施的路径与步骤

（一）项目路径

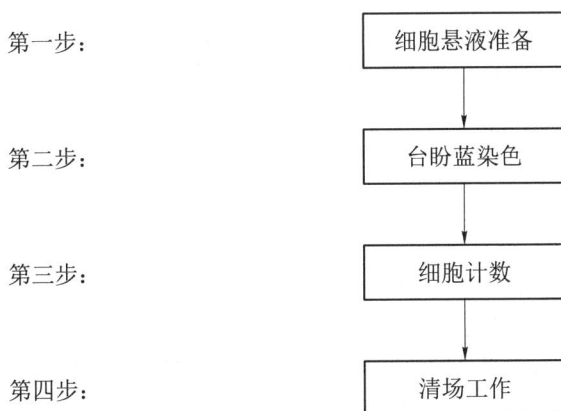

第一步：　细胞悬液准备

第二步：　台盼蓝染色

第三步：　细胞计数

第四步：　清场工作

（二）项目步骤

第一步：细胞悬液准备

仪器：生物安全柜，移液器，电子显微镜，血细胞计数板，盖玻片。

试剂：DMEM 培养基，胰酶，D-Hanks 液。

耗材：1.5ml/5ml EP 管。

细胞悬液制备：取一瓶传代的细胞，待长成单层后以，用 0.25%的胰蛋白酶液消化，加入培养液（或 D-Hanks 液等平衡盐溶液），吹打制成待测细胞悬液（可作适当比例稀释）。

第二步：台盼蓝染色

（1）4%台盼蓝母液：称取 4g 台盼蓝，加少量蒸馏水研磨，加双蒸水至 100ml，用滤纸过滤，4℃保存。使用时，用 D-Hanks 液稀释至 0.4%。

（2）染色：细胞悬液与 0.4%台盼蓝溶液以 9:1 混合混匀（台盼蓝终浓度 0.04%）。

第三步：细胞计数

（1）计数：首先用酒精清洁血细胞计数板的小室和盖玻片，然后用脱脂棉擦干，小心地用盖玻片覆盖两个小室。待台盼蓝染色 3 分钟后，用移液器取 10μl 混匀的细胞悬液滴入计数板和盖片空隙中，将细胞悬液充满两个小室，用电子显微镜分别计数活细胞和死细胞。

（2）镜下观察，死细胞被染成明显的蓝色，而活细胞因拒染呈无色透明状。

（3）统计细胞活力：活细胞率（%）=活细胞总数/（活细胞总数+死细胞总数）×100%。

注意事项：

（1）细胞悬液应充分混匀。

（2）吹打混匀细胞以及将悬液注入血细胞计数板小室时不要产生气泡。

（3）计数中，不要漏记，不要重复，每个细胞悬液样品至少测样两次求平均值。

理论链接1

台盼蓝染色法及血细胞计数板

1.1　台盼蓝（Trypan blue）

台盼蓝又称台盼兰、锥虫蓝，可溶于水（10mg/ml），是细胞活性染料，常用于检测细胞膜的完整性，还常用于检测细胞是否存活。活细胞不会被染成蓝色，而死细胞会被染成淡蓝色。台盼蓝可被巨噬细胞吞噬，故可用于巨噬细胞的活体染色剂。其染色机制为正常的活细胞，胞膜结构完整，能够排斥台盼蓝，使之不能够进入胞内；而丧失活性或细胞膜不完整的细胞，胞膜的通透性增加，可被台盼蓝染成蓝色。通常认为细胞膜完整性丧失，即可认为细胞已经死亡。因此，借助台盼蓝染色可以非常简便、快速地区分活细胞和死细胞。台盼蓝是组织和细胞培养中最常用的死细胞鉴定染色方法之一，染色只需 3～5 分钟即可完成，染色后，通过显微镜下直接计数或显微镜下拍照后计数，就可以对细胞存活率进行比较精确的定量。

1.2　血细胞计数板（图 5−1a）

血细胞计数板被用于对人体内红、白细胞进行显微计数之用，也常用于计算一些细菌、真菌、酵母等微生物的数量，是一种常见的生物学工具，用优质厚玻璃制成，载玻片上有四个槽构成三个平台。中间的平台较宽，其中间又被一短横槽分隔成两半，每个半边上面各刻有一小方格网，每个方格网共分九个大格，中央的一大格作为计数用，称为计数区（图 5−1b）。计数区的刻度有两种：一种是计数区分为 16 个大方格（大方格用三线隔开），而每个大方格又分成 25 个小方格；另一种是一个计数区分成 25 个大方格（大方格之间用双线分开），而每个大方格又分成 16 个小方格。但是不管计数区是哪一种构造，它们都有一个共同特点，即计数区都由 400 个小方格组成。计数区边长为 1mm，则计数区的面积为 $1mm^2$，每个小方格的面积为 1/400mm²。盖上盖玻片后，计数区的高度为 0.1mm，所以每个计数区的体积为 0.1mm³，每个小方格的体积为 1/4000mm³。

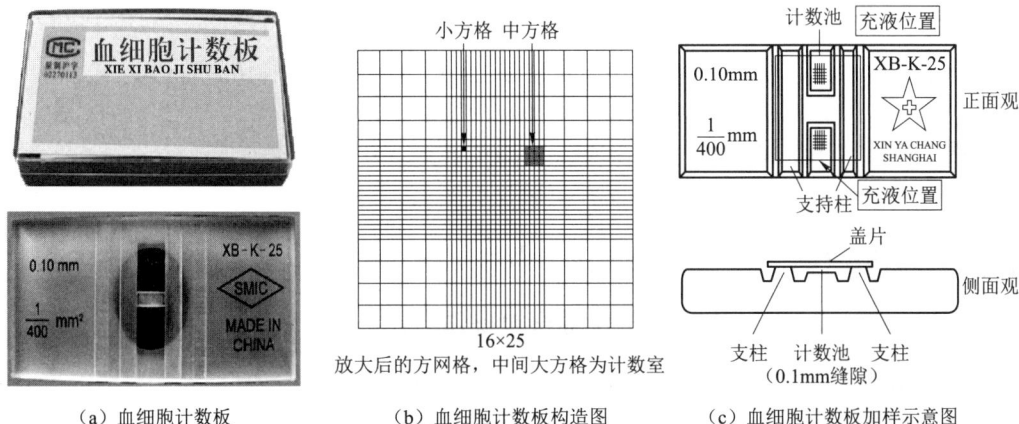

（a）血细胞计数板　　（b）血细胞计数板构造图　　（c）血细胞计数板加样示意图

图 5－1　血细胞计数板的构造与使用方法

实践链接1

血细胞计数板使用方法

血细胞计数板使用方法（图 5－1c）：

1.1　取洁净的血细胞计数板一块，在计数区上盖上一块盖玻片。

1.2　将细胞悬液混匀，用移液器吸取 10μl，从计数板中间平台两侧的沟槽内沿盖玻片的下边缘充入，让细胞悬液利用液体的表面张力充满计数区，勿使气泡产生，并用吸水纸吸去沟槽中流出的多余细胞悬液。

1.3　静置片刻，使细胞沉降到计数板上，不再随液体漂移。将血细胞计数板放置于光学显微镜的载物台上夹稳，先在低倍镜下找到计数区后，再转换高倍镜观察并计数。由于活细胞的折光率和水的折光率相近，观察时应减弱光照的强度。

1.4　计数时若计数区是由 16 个大方格组成，按对角线方位，数左上、左下、右上、右下的 4 个大方格（即 100 小格）的细胞数。如果是 25 个大方格组成的计数区，除数上述四个大方格外，还需数中央 1 个大方格的细胞数（即 80 个小格）。

1.5　为了保证计数的准确性，避免重复计数和漏记，在计数时，对沉降在格线上的细胞的统计应有统一的规定，如细胞位于大方格的双线上，计数时原则为"数上线不数下线，数左线不数右线"，以减少误差，即位于本格上线和左线上的细胞计入本格，本格的下线和右线上的细胞按规定计入相应的格中。

1.6　测数完毕，取下盖玻片，用水将血细胞计数板冲洗干净，切勿用硬物洗刷或抹擦，以免损坏网格刻度。洗净后自行晾干或用吹风机吹干，放入盒内保存。

计数公式：

（1）16 格×25 格的血细胞计数板计算公式：

细胞数/ml=100 小格内细胞个数/100×400×10000×稀释倍数

（2）25 格×16 格的血细胞计数板计算公式：

细胞数/ml=80 小格内细胞个数/80×400×10000×稀释倍数

备注：公式中乘以 10000 因为计数板中每一个大格的体积为：

1.0mm（长）×1.0mm（宽）×0.1mm（高）=0.1mm³，而 1ml=1000mm³。

第二步：常用仪器设备

实践链接2

光学显微镜操作规程

光学显微镜（型号：SFC-288，Motic）操作规程及注意事项

2.1 实验时要把显微镜放在座前桌面上稍偏左的位置，镜座应距桌沿 6～7cm。

2.2 插上电源插头，打开电源开关，将玻片标本放在载物台上，移动光亮度调节钮至电光源明亮。

2.3 调节两目镜间的距离，使两眼能同时看清镜下标本。

2.4 调节粗细调焦器，使物象清晰，旋转标本移动器，寻找目的物。

2.5 根据观察需要，旋转物镜转换器转换不同倍数的物镜，观察标本（旋转时，由低倍逐步向高倍物镜转换，反之则然）。

2.6 显微镜使用完毕，将光亮度调节钮移至零位，载物台下移到底，物镜头转至低倍，关闭电源开关，拔下电源插头。

2.7 检查零件有无损伤（特别要注意检查物镜是否沾水沾油，如沾了水或油要用镜头纸擦净，最后罩上显微镜套。

2.8 显微镜的维护

2.8.1 取送显微镜时一定要一手握住弯臂，另一手托住底座。显微镜不能倾斜，以免目镜从镜筒上端滑出。取送显微镜时要轻拿轻放。

2.8.2 凡是显微镜的光学部分，只能用特殊的擦镜头纸与溶液一同擦拭，不能乱用他物擦拭，更不能用手指触摸透镜，以免汗液玷污透镜。

2.8.3 保持显微镜的干燥、清洁，避免灰尘、水及化学试剂的玷污。

2.8.4 转换物镜镜头时，不要搬动物镜镜头，只能转动转换器。

2.8.5 切勿随意转动调焦手轮。使用微动调焦旋钮时，用力要轻，转动要慢，转不动时不要硬转。

2.8.6 不得任意拆卸显微镜上的零件，严禁随意拆卸物镜镜头，以免损伤转换器螺口，或螺口松动后使低高倍物镜转换时不齐焦。

2.8.8 用毕将光源调到最小，这样对灯泡的使用寿命很有帮助。

第四步：清场工作

四、项目预案

镜下偶见由两个以上细胞组成的细胞团，应按单个细胞计算，若细胞团占 10%以上，

说明分散不好，需重新制备细胞悬液。

五、项目实施

（1）对班级学生进行分组，每二人一组。每次课前找一组学生参与项目前准备工作，对其下发该次项目任务报告书，简单讲解项目内容，教师与这二位学生讨论项目任务、流程及项目预期效果，最后根据讨论的内容进行项目前准备。

（2）在项目实施过程中，由这一组学生配合教师共同完成项目指导工作，并在项目结束后组织本班学生完成清场工作，每组轮流参与项目前准备工作和清场工作。

六、项目评价

项目评价具体见表 5–1～表 5–4。

表 5–1 项目评价表（满分 100 分）

评 价 内 容			
学生互评（70 分）			教师评价（30 分）
完成过程（30 分）	完成质量（30 分）	团队合作（10 分）	项目报告评价（30 分）

表 5–2 项目评价标准——学生用表

任 务	评价内容	分值	考核标准	得 分
细胞计数及活性检测项目过程评价（30 分）	细胞计数	10 分	对贴壁细胞进行消化处理，必要时根据细胞密度按比例稀释（5 分）	
			使用血细胞计数板进行细胞计数（5 分）	
	台盼蓝染色	10 分	按说明书对细胞样品进行台盼蓝染色（5 分）	
			根据台盼蓝染色情况判断和统计活、死细胞情况（5 分）	
	光学显微镜的使用	5 分	使用光学显微镜观察、统计活细胞和死细胞（5 分）	
	清场工作	5 分	清洗和烘干血细胞计数板，显微镜按操作要求归位，打扫实验室卫生（5 分）	
完成质量（30 分）	细胞计数	10 分	能够对贴壁细胞样品进行正确处理（5 分）	
			会使用血细胞计数板对细胞进行计数（5 分）	
	台盼蓝染色	10 分	能够按操作要求对细胞样品进行台盼蓝染色（5 分）	
			能够根据染色结果统计活细胞及死细胞，计算细胞活性（5 分）	
		5 分	能根据操作规程正确使用光学显微镜进行细胞计数（5 分）	
	清场工作	5 分	能按要求处理好血细胞计数板和光学显微镜，做好清场工作（5 分）	
团队合作（10 分）	合作态度	5 分	积极参与项目的分工、讨论（5 分）	
	合作效率	5 分	积极帮助小组成员有效完成任务，分析/解决问题（5 分）	
合　计				

表5-3 项目评价标准——教师用表

细胞计数及活性检测项目评价标准

	评价内容	分值	考核标准	得分	
项目报告书（30分）	细胞计数	5分	简述血细胞计数板的工作原理（5分）		
	台盼蓝染色	15分	计算细胞样品的浓度及细胞活性（15分）		
	光学显微镜的使用	5分	简述光学显微镜使用注意事项（5分）		
	清场工作	5分	对本次项目的完成,有哪些体会可与小组同学分享或有哪些教训需进行总结（5分）		
	合计				

表5-4 细胞培养耗材无菌处理项目评价考核成绩表

组别	姓名	组间互评（学生）			班级评价（教师）	总分值
		项目过程（30分）	完成质量（30分）	团队合作（10分）	项目报告（30分）	
第一组						
第二组						
第三组						
第四组						
第五组						
第六组						

七、项目作业——撰写项目报告书

（1）简述血细胞计数板的工作原理。

（2）计算细胞样品的浓度及细胞活性。

（3）对本次项目的完成,有哪些体会可与小组同学分享或有哪些教训需进行总结？

项目六　贴壁动物细胞冻存技术

一、项目要求

本次教学任务为掌握贴壁动物细胞冻存技术。

1. 时间要求　4 学时。

2. 质量要求　能根据贴壁动物细胞冻存技术对细胞进行冻存。

3. 安全要求　能遵守操作规程，保证自身和环境安全。

4. 文明要求　自觉按照文明生产规则进行项目作业，保持个人整洁与卫生，防止人为污染样品。

5. 环保要求　努力按照环境保护要求进行项目作业，按要求进行无菌操作，清场后按要求对动物细胞培养实验室进行紫外线消毒。

6. GMP 要求　按照项目 SOP 进行作业。

二、项目分析

细胞冻存是细胞培养的重要环节之一。利用冻存技术将细胞置于–196℃液氮中低温保存，可以使细胞暂时脱离生长状态而将其细胞特性保存起来，在需要的时候再复苏细胞用于实验，而且适度地保存一定量的细胞，可以防止因正在培养的细胞被污染或其他意外事件而使细胞丢种，起到了细胞保种的作用。

目前，细胞冻存常用的技术是液氮冷冻保存法，主要采用加适量保护剂的缓慢冷冻法冻存细胞。细胞冷冻技术的关键是尽可能地减少细胞内水分，减少细胞内冰晶的形成，慢速冷冻方法又可使细胞内的水分渗出细胞外，减少胞内形成冰晶的机会，从而减少冰晶对细胞的损伤。常用的细胞冷冻贮存器为液氮贮存器。对大多数有核哺乳类动物细胞来说，在不加冷冻保护剂的情况下，无最适冷冻速率可言，也不能获得活的冻存物。

冷冻保护剂可分为渗透性和非渗透性两类。渗透性冷冻保护剂可以渗透到细胞内，一般是一些小分子物质，主要包括甘油、DMSO、乙二醇、丙二醇、乙酰胺、甲醇等。其保护机制是在细胞冷冻悬液完全凝固之前，渗透到细胞内，在细胞内外产生一定的摩尔浓度，降低细胞内外未结冰溶液中电解质的浓度，从而保护细胞免受高浓度电解质的损伤，同时，细胞内水分也不会过分外渗，避免了细胞过分脱水皱缩。常用的甘油和DMSO 并不防止细胞内结冰，在使用该类冷冻保护剂时，需要一定的时间进行预冷，让甘油或 DMSO 等成分渗透到细胞内，在细胞内外达到平衡以起到充分的保护作用。目前 DMSO 的应用比甘油更为广泛，但要注意的是，DMSO 在常温下对细胞的毒性作用较大，而在 4℃时，其毒性作用大大减弱，且仍能以较快的速度渗透到细胞内。所以，冻存时 DMSO 平衡多在 4℃下进行，一般需要 40～60 分钟。

非渗透性冷冻保护剂不能渗透到细胞内，一般是些大分子物质，主要包括聚乙烯吡咯烷酮（PVP）、蔗糖、聚乙二醇、葡聚糖、白蛋白及羟乙基淀粉等。其保护机制的假说很多,其中有一种可能是,聚乙烯吡咯烷酮等大分子物质可以优先同溶液中水分子结合,降低溶液中自由水的含量,使冰点降低,减少冰晶的形成;同时,由于其分子质量大,使溶液中电解质浓度降低,从而减轻溶质损伤。

不同的冷冻保护剂有不同的优、缺点。目前一般多采用联合使用两种以上冷冻保护剂组成保护液。由于许多冷冻保护剂(如DMSO)在低温下能保护细胞,但在常温下却对细胞有害,故在细胞复温后应及时洗涤冷冻保护剂。

三、项目实施的路径与步骤

(一)项目路径

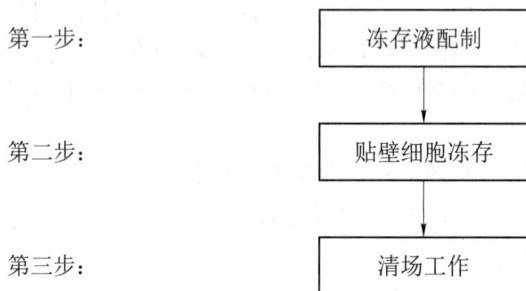

第一步: 冻存液配制

第二步: 贴壁细胞冻存

第三步: 清场工作

(二)项目步骤

理论链接1

细胞冻存原理

在低于−70℃的超低温条件下,有机体细胞内部的生化反应极其缓慢,甚至终止。因此,采取适当的方法将生物材料降至超低温,即可使生命活动固定在某一阶段而不衰老死亡。当以适当的方法将冻存的生物材料恢复至常温时,其内部的生化反应可恢复正常。所谓冷冻保存,就是将体外培养物或生物活性材料悬浮在加有或不加冷冻保护剂的溶液中,以一定的冷冻速率降至零下某一温度(一般是低于−70℃的超低温条件),并在此温度下对其长期保存的过程。而复苏就是以一定的复温速率将冻存的体外培养物或生物活性材料恢复到常温的过程。不论是微生物、动物细胞、植物细胞还是体外培养的器官都可以进行冻存,并在适当条件下复苏。

水在低于零度的条件下会结冰。如果将细胞悬浮在纯水中,随着温度的降低,细胞内外的水分都会结冰,所形成的冰晶会造成细胞膜和细胞器的破坏而引起细胞死亡。这种因细胞内部结冰而导致的细胞损伤称为细胞内冰晶的损伤。如果将细胞悬浮在溶液中,随着温度的降低,细胞外部的水分会首先结冰,从而使得未结冰的溶液中电解质浓度升高。如果将细胞暴露在这样高溶质的溶液中且时间过长,细胞膜上脂质分子会受到损坏,细胞便发生渗漏,在复温时,大量水分会因此进入细胞内,造成细胞死亡。这种因保存溶液中溶质浓度升高而导致的细胞损伤称为溶质损伤或称溶液损伤。当温度进一步下降,细胞内外都结冰,产生冰晶损伤。但是如果在溶液中加入冷冻保护剂,则可保护细胞免受溶质损伤和冰晶损伤。因为冷冻保护剂容易同溶液中的水分子结合，从而降低冰点，减少冰晶的形成，并且通过其摩尔浓度降低未结冰溶液中电解质的浓度，使细胞免受溶质损伤，细胞得以在超低温条件下保存。在复苏时，一般以很快的速度升温，1~2分钟内即恢复到常温，细胞内外不会重新形成较大的冰晶，也不会在高浓度的电解质溶液中暴露过长的时间，从而无冰晶损伤和溶质损伤产生，冻存的细胞经复苏后仍保持其正常的结构和功能。冷冻保护剂对细胞的冷冻保护效果还与冷冻速率、冷冻温度和复温速率有关。而且不同的冷冻保护剂其冷冻保护效果也不一样。

冷冻速率是指降温的速度，直接关系到冷冻效果。细胞在冷冻过程中会发生如下变化：当细胞被冷至-50℃时，因溶液中加有冷冻保护剂而降低溶液的冰点，细胞内外溶液仍未结冰；当被冷至-5~-150℃时，细胞外溶液先出现结冰而细胞内仍保持未结冰状态。细胞内未结冰的水分子会比细胞外部分结冰溶液中的水分子具有更高的化学能。其结果是，细胞内水分子为了和细胞外水分子保持化学能的平衡，会向细胞外流动。冷冻速度不同，细胞内水分向外流动的情况也不相同：如果冷冻速度慢，细胞内水分外渗多，细胞脱水，体积缩小，细胞内溶质浓度增高，细胞内不会发生结冰；如果冷冻速度快，细胞内水分没有足够的时间外渗，结果随着温度的下降而发生细胞内结冰；如果冷冻速度非常快（即超快速冷冻），则细胞内形成的冰晶非常小或不结冰而呈玻璃状态（玻璃化冷冻）。

不同的冷冻速度能使细胞内发生不同的生理变化，也可以对细胞产生不同的损伤。当冷冻速度过慢时，细胞脱水严重，细胞体积严重收缩，超过一定程度时即失去活性。同时冷冻速度过慢，还会引起细胞外溶液部分结冰，从而使细胞外未结冰的溶液中溶质浓度增高，产生溶质损伤。当冷冻速度过快时，细胞内水分来不及外渗，会形成较多冰晶，造成细胞膜及细胞器的破坏，产生细胞内冰晶损伤。

动物细胞深低温保存的基本原理是：在-70℃以下时，细胞内的酶活性均已经停止，即代谢处于完全停止状态，故可以长期保存。细胞低温保存的关键，在于通过0~20℃阶段的处理过程。在此温度范围内，水晶呈针状，极易导致细胞的严重损伤。故细胞直接冻存会导致细胞死亡，必须加低温保护剂。常用的细胞冻存低温保护剂为甘油或二甲亚砜（DMSO），它们是属于渗透性保护剂，其保护机制是在细胞冷冻悬液完全凝固之前，渗透到细胞内，在细胞内外产生一定的摩尔浓度，降低细胞内外未结冰溶液中电解质的浓度，从而保护细胞免受高浓度电解质的损伤，同时，细胞内水分也不会过分外渗，避免细胞过分脱水皱缩。

理论链接2

细胞慢冻方法

细胞冻存采用"慢冻"原则，即在冻存过程中缓慢降温，以减少细胞内冰晶形成。按照冷冻保护液在冻结后是否形成冰晶来划分，冻存方法可分为非玻璃化和玻璃化冻存两种。

非玻璃化冻存是利用各种温度级的冰箱分阶段降温至-70~-80℃，然后直接投入液氮进行保存；或者是利用电子计算机程控降温仪以及利用液氮的气、液，按一定的降温速率从室温降至-100℃以下，再直接投入液氮保存的方法。以该种方法冻结的细胞悬液或多或少都有冰晶的形成。

玻璃化冻存则是指利用多种高浓度的冷冻保护剂联合形成的玻璃化冷冻保护液保护悬

浮细胞，直接投入液氮进行冻存的方法，以该种方法冻结的细胞悬液没有冰晶的形成。因为玻璃化冷冻保护液中的冷冻保护剂的浓度较高，室温下对细胞具有毒性（但在4℃时毒性大为减弱）。所以，冷冻保护液的滴加全过程必须在4℃冰浴中进行。另外，滴加速度要缓慢，如果滴加速度过快，则在细胞外产生很高的渗透压，造成细胞膜的损伤，导致细胞死亡，故要缓慢滴加，让冷冻保护剂有足够的时间缓慢渗透到细胞内，达到细胞内外的平衡。玻璃化冻存法对细胞活性的保存具有较好的效果，不需要复杂的仪器设备，具有液氮储存设备即可使用。目前已在胚胎冷冻方面得到广泛应用，但很少应用于一般细胞的冻存，这可能与需要配制较复杂的冻存液以及冷冻前和复苏后较烦琐的操作有关，目前细胞冻存最常用的方法仍是非玻璃化冻存法。

常用的非玻璃化冻存法有：

2.1 传统方法

将细胞冻存管置于4℃/30min→-20℃/30min→-80℃/16～18h（或隔夜）→液氮罐里长期储存。-20℃不可超过1小时，以防止冰晶过大，造成细胞大量死亡，亦可跳过此步骤直接放入-80℃冰箱中，唯存活率稍微降低一些。

2.2 程序降温

利用已设定程序的等速降温机以-1～-3℃/min的速度由室温降至（-80℃以下）-120℃，再放入液氮罐里长期储存。这种方式适用于悬浮型细胞与杂交瘤细胞的保存。

2.3 梯度降温冻存盒

在使用前在盒夹层内装入100%异丙醇，然后放入-80℃超低温冰箱，可以实现理论上按每分钟-1～-3℃速度降温，一直到-80℃，这样可大大提高细胞的存活率，梯度降温冻存盒可以放置18个1.0～2.0ml的冻存管。

第一步：细胞冻存液配制（非玻璃化冻存法）

仪器：移液器，生物安全柜，4℃/-20℃冰箱。

耗材：15ml/50ml离心管。

试剂：DMSO，胎牛血清，DMEM。

冻存液：10%的胎牛血清+10% DMSO+80%不完全培养基（DMEM）（小牛血清的比例可以调整，范围在10%～90%）。

10ml细胞冻存液=1ml胎牛血清+1ml DMSO+8ml DMEM（配制好之后4℃保存一段时间再使用）。

第二步：细胞冻存步骤操作过程

仪器：移液器，生物安全柜，CO_2培养箱，离心机，倒置显微镜，4℃/-20℃/-80℃冰箱，液氮罐。

耗材：1.5ml离心管，细胞冻存管，封口膜。

试剂：DMSO，胎牛血清，DMEM。

（1）常规消化细胞——培养箱取一个培养皿（细胞处于对数生长期，且在冻存前24小时换新鲜培养液一次）；用1ml移液器吸掉旧培养液（吸头紧贴培养皿边壁底部吸取）；用D-PBS洗涤细胞1～2次（取1ml D-PBS，靠近培养皿边壁底部加液和取液）；加入trypsin-EDTA（胰酶EDTA）溶液200µl，让胰酶没过培养皿底部，然后放入培养箱2～

3 分钟；于倒立显微镜下观察，当细胞将要分离而呈现圆粒状时，甚至有部分细胞漂起来时，加入 1ml 含血清的新鲜培养基终止胰酶作用并轻轻吹散细胞。

（2）收集培养的细胞，取少量细胞悬浮液（约 0.1ml）计数细胞浓度及冻存前存活率，然后将所有细胞悬液分装入 1.5ml EP 管中，用封口膜封口，天平平衡，以 1000r/min 离心 5 分钟，然后弃掉上清夜。

（3）向细胞沉淀物中加入适量冷冻保存溶液轻轻吹打混匀,使细胞密度达 $1\times10^6\sim1\times10^7$ 个/ml。

（4）按每管 1～1.5ml 的量分装于冻存管内，拧紧冻存管的管盖并用封口膜封口。

（5）做好冻存记录。记录内容包括冻存日期、细胞代号、冻存管数、冻存过程中降温的情况、冻存位置以及操作人员。

降温方法（一）：

（1）先将冻存管放入普通冰箱冷藏室 4℃，约 30 分钟。

（2）接着将冻存管置于普通冰箱冷冻室–20℃，约 30 分钟。

（3）将冻存管转入超低温冰箱（–80℃），过夜放置。

（4）最后将冻存管投入–196℃液氮保存。

降温方法（二）：

将细胞冻存管放入梯度降温冻存盒，然后直接将梯度降温冻存盒放入–80℃超低温冰箱中过夜，最后将冻存管投入–196℃液氮保存长期。

注意事项：

（1）在使用 DMSO 前，不要对其进行高压灭菌，因其本身就有灭菌作用。高压灭菌反而会破坏其分子结构，以致降低冷冻保护效果。在常温下，DMSO 对人体有毒，故在配制时最好戴手套。

（2）在将细胞冻存管投入液氮时,动作要小心、轻巧,以免液氮从液氮罐内溅出。若液氮溅出，可能对皮肤造成冻伤。操作过程中最好戴防冻手套、面罩、工作衣或防冻鞋。

（3）应注意控制冻存细胞的质量。既要在冻存前保障细胞具有高活力，还要确保无微生物污染，这样的细胞才具有冻存价值。另外，在每批细胞冻存一段时间后，要复苏 1～2 管，以观察其活力以及是否受到微生物的污染。

实践链接1

离心机操作规程及操作注意事项

电动离心机分为普通离心机、低速冷冻离心机、高速离心机及高速离心机等。普通（非冷冻）离心机结构较简单，可分小型台式和落地式两类，配有驱动电机、调速器、定时器等装置，操作方便。低速冷冻离心机转速一般不超过 4000r/min，是实验室最常用于大量初级分离提取生物大分子、沉淀物等。高速冷冻离心机而转速可达 20000r/min 以上，除具有低速冷冻离心机的性能和结构外，高速离心机所用角式转头均用钛合金和铝合金制成。离心管为聚乙烯硬塑料制品。多用于收集微生物、细胞碎片、细胞、大的细胞器以及免疫沉淀物等。超速离心机转速可达 50000r/min 以上，能使亚细胞器分级分离，并用于蛋白质、核酸分子量的测定等。其转头为高强度钛合金制成，可根据需要更换不同容量和不同型号的转速转头。装有冷却驱动电机系统和抽真空系统。

图6-1 小型台式冷冻离心机
（艾本德5417R）

小型台式冷冻离心机（型号：艾本德5417R）（图6-1）操作规程及操作注意事项：

1.1 设定时间离心

1.1.1 按 time（时间）键设定离心时间。

1.1.2 按 speed（速度）键设定转速（rpm）或相对离心力（rcf）。

1.1.3 按 start/stop 键启动离心。

1.1.4 离心停止后，取走离心样品。

1.2 持续离心

1.2.1 按 time（时间）键至超过 99 分钟或低于 30 秒，当屏幕出现"_"后，表示持续离心。

1.2.2 按 speed 键设定转速或相对离心力。

1.2.3 按 start/stop 键启动离心。

1.2.4 按 start/stop 停止离心。

1.2.5 离心停止后，取走离心样品。

1.3 瞬时（short spin）离心

1.3.1 按 speed 键设定转速或相对离心力。

1.3.2 持续按住 short 键启动瞬时离心。

1.3.3 放开 short 按键停止瞬时离心。

1.3.4 离心停止后，取走离心样品。

1.4 注意事项

1.4.1 正确使用工具准确安装所需规格的转头；检查转头安装是否牢固；机腔有无异物掉入；且机盖上不得放置任何东西。离心管外壁须擦干，与样品一起以托盘天平平衡（若用管套，也需一同平衡），然后成偶数、对称放入转头中。

1.4.2 必要时预冷转子，需要关闭机盖，建议将转头和转头盖拧紧一起预冷；离心机在运转时，不得移动离心机。

1.4.3 转速设定不得超过最高转速，以确保安全运转；开机运转前请务必旋紧转子盖（转头与盖之间应无缝隙），以免高速旋转时飞出造成事故。

1.4.4 不要使用劣质、老化、损坏的离心管；若运行时有离心管破裂或样品放置不平衡，会引起较大振动，应立即停机处理。

1.4.5 离心机完全停止转动后方可打开机盖，取出离心样品，用柔软干净的布擦净转头和机腔内壁冷凝水；擦拭离心机腔时动作要轻，以免损坏机腔内温度感应器。待离心机腔内温度与室温平衡后方可盖上机盖。

1.4.6 每次离心完成后，尽量要将转子取出后倒置放在实验台上；长时间放在转轴上，可能导致转子锈死取不出；转头的维护和存放要注意保护底部的计数环。

1.4.7 每次停机后再开机的时间间隔不得少于 5 分钟，以免压缩机堵转而损坏；离心机一次运行时间最好不要超过60分钟。

1.4.8 在离心过程中,操作人员不得离开离心机室;发生异常情况不能关电源power,而要按stop。

1.4.9 离心过程中若发现异常现象,应立即关闭电源,报请有关技术人员检修。

1.4.10 每次预冷前或操作完毕后,应作好离心机使用情况的详细记录。

实践链接2

液氮罐操作规程及操作注意事项

液氮罐(型号:Therm Scientific Bio-Cane™)操作规程及操作注意事项:

2.1 冻存管放入前做好标记,按照坐标放置。

2.2 放入的动作要快,以免温度上升影响保藏效果。

2.3 放入前对手做好消毒工作,同时做好必要的防护工作,戴防爆面罩、防爆裙和手套。

2.4 提出细胞时,首先确认位置,然后提出吊桶,找到细胞后,立即放入37℃的水里复温。然后把吊桶放回液氮里。

2.5 安全及维护

2.5.1 防冻伤:不得发生皮肤的直接接触和采取避免措施。必须带厚皮手套接触取出的冻存管。不得放入任何未预冻的物品。放细胞冻存管到液氮里必须在气相放2~5分钟,以免暴沸。

2.5.2 防炸伤:制作时必须严格选用质量好的冻存管;严格密封;严格穿戴防护用品。

2.5.3 注意在液氮不足时要及时添加,以免冻存细胞因无液氮浸没而死亡。

四、项目预案

细胞冻存后复苏,细胞状态不好,可能因为:

(1) 冻存时细胞状态不好。

(2) 复苏后未彻底去除DMSO。

五、项目实施

(1) 对班级学生进行分组,每二人一组。每次课前找一组学生参与项目前准备工作,对其下发该次项目任务报告书,简单讲解项目内容,教师与这二位学生讨论项目任务、流程及项目预期效果,最后根据讨论的内容进行项目前准备。

(2) 在项目实施过程中,由这一组学生配合教师共同完成项目指导工作,并在项目结束后组织本班学生完成清场工作,每组轮流参与项目前准备工作和清场工作。

六、项目评价

项目评价具体详见表6-1~表6-4。

表6-1 项目评价表（满分100分）

评 价 内 容			
学生互评（70分）			教师评价（30分）
完成过程（30分）	完成质量（30分）	团队合作（10分）	项目报告评价（30分）

表6-2 项目评价标准——学生用表

<table>
<tr><td colspan="6" align="center">贴壁动物细胞冻存技术项目评价标准——过程评价</td></tr>
<tr><td>任务</td><td>评价内容</td><td>分值</td><td>考核标准</td><td colspan="2">得 分</td></tr>
<tr><td rowspan="4">贴壁动物细胞冻存项目过程评价（30分）</td><td>细胞冻存液配制</td><td>5分</td><td>按操作规程配制及处理细胞冻存液（5分）</td><td></td><td></td></tr>
<tr><td rowspan="2">贴壁细胞冻存操作</td><td rowspan="2">20分</td><td>按操作规程及注意事项对贴壁细胞进行消化传代，离心及加冻存液悬浮细胞（10分）</td><td></td><td></td></tr>
<tr><td>按操作规程选择不同方式对贴壁细胞进行梯度降温冻存（10分）</td><td></td><td></td></tr>
<tr><td>清场工作</td><td>5分</td><td>按要求整理好仪器设备，做好实验室卫生清场工作（5分）</td><td></td><td></td></tr>
<tr><td rowspan="4">完成质量（30分）</td><td>细胞冻存液配制</td><td>5分</td><td>能按操作要求配制、处理好冻存液（5分）</td><td></td><td></td></tr>
<tr><td rowspan="2">贴壁细胞冻存操作</td><td rowspan="2">20分</td><td>能按操作要求及注意事项对贴壁细胞进行消化传代，离心及加冻存液悬浮细胞（10分）</td><td></td><td></td></tr>
<tr><td>能按操作要求用不同降温方式对细胞进行降温冻存处理（10分）</td><td></td><td></td></tr>
<tr><td>清场工作</td><td>5分</td><td>能按要求整理好仪器和试剂，做好卫生清场工作（5分）</td><td></td><td></td></tr>
<tr><td rowspan="2">团队合作（10分）</td><td>合作态度</td><td>5分</td><td>积极参与项目的分工、讨论（5分）</td><td></td><td></td></tr>
<tr><td>合作效率</td><td>5分</td><td>积极帮助小组成员有效完成任务，分析/解决问题（5分）</td><td></td><td></td></tr>
<tr><td colspan="6" align="center">合　计</td></tr>
</table>

表6-3 项目评价标准——教师用表

<table>
<tr><td colspan="6" align="center">贴壁动物细胞冻存技术项目评价标准</td></tr>
<tr><td></td><td>评价内容</td><td>分值</td><td>考核标准</td><td colspan="2">得 分</td></tr>
<tr><td rowspan="3">项目报告（30分）</td><td>细胞冻存液配制</td><td>5分</td><td>配制冻存液有何注意事项（5分）</td><td></td><td></td></tr>
<tr><td>贴壁细胞冻存操作</td><td>20分</td><td>细胞冻存降温原理及常用的降温方法有哪些（20分）</td><td></td><td></td></tr>
<tr><td>清场工作</td><td>5分</td><td>对本次项目的完成，有哪些体会可与小组同学分享或有哪些教训需进行总结（5分）</td><td></td><td></td></tr>
<tr><td colspan="6" align="center">合　计</td></tr>
</table>

表6-4 细胞培养耗材无菌处理项目评价考核成绩表

组别	姓名	组间互评（学生）			班级评价（教师）	
		项目过程（30分）	完成质量（30分）	团队合作（10分）	项目报告（30分）	总分值
第一组						
第二组						
第三组						
第四组						
第五组						
第六组						

七、项目作业

（1）简述细胞冻存的原理。

（2）配制细胞冻存液有何注意事项。

（3）对本次项目的完成，有哪些体会可与小组同学分享或有哪些教训需进行总结。

项目七　动物细胞复苏技术

一、项目要求

本次教学任务为掌握哺乳动物细胞冻存技术。

1. 时间要求　4 学时。

2. 质量要求　能根据哺乳动物细胞复苏技术对细胞进行复苏。

3. 安全要求　能遵守操作规程，保证自身和环境安全。

4. 文明要求　自觉按照文明生产规则进行项目作业，保持个人整洁与卫生，防止人为污染样品。

5. 环保要求　努力按照环境保护要求进行项目作业，按要求进行无菌操作，清场后按要求对动物细胞培养实验室进行紫外线消毒。

6. GMP 要求　按照项目 SOP 进行作业。

二、项目分析

细胞复苏是指按一定的复温速度将冻存的细胞恢复到常温的过程。当恢复到常温状态时，冻存细胞的形态结构保持正常，代谢反应即可恢复。

细胞置于液氮中，正常情况下，可保存数年至数十年。细胞的复苏与冻存的要求相反，应采用快速融化的手段。复苏时溶解细胞速度要快，使之迅速通过细胞最易受损的$-5\sim0℃$温度段，这样可以保证细胞外结晶在很短的时间内融化，避免由于缓慢融化使水分渗入细胞内形成细胞内再结晶对细胞造成损害，以防细胞内形成冰晶引起细胞死亡。

细胞的复苏一般多采用常规复苏方法，通常的操作流程是细胞冻存管从液氮罐中取出来后立即放入$38\sim40℃$水浴中，轻摇，尽快使细胞在$1\sim2$分钟内完全融化。将融化好的细胞冻存管放入离心机中，1000r/min，离心 10 分钟，弃上清后移入含完全培养基的培养瓶中，置于37℃、$5\%CO_2$培养箱中过夜培养，次日换液，去除漂浮的死亡细胞，剩下的贴壁的细胞大多数可以贴壁生长并增殖。

三、项目实施的路径与步骤

（一）项目路径

第一步：

第二步：

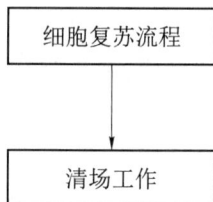

（二）项目步骤

理论链接1

细胞快速融化方法

冷冻保护体外培养物，除了必须有最佳的冷冻速率、合适的冷冻保护剂和冻存温度外，在复苏时也必须有最佳的复温速率，这样才能保证最后获得最佳冷冻保存效果。

复温速度：指在细胞复苏时温度升高的速度。冷冻保存体外培养物在复苏时也需要有最佳的复温速度，复温时损伤发生非常快，持续时间也很短。冷冻过程中胞内形成的冰晶并未对细胞造成致命的损伤，反而是在复温过程中，复温到−40℃或者更高的温度时，细胞内会重新形成较大冰晶而造成细胞的致命损伤。复温速率不当也会降低冻存细胞存活率。一般来说，复温速度越快越好。常规的做法是，在37℃水浴中，于1～2分钟内完成复苏。复温速度过慢，细胞内往往在重新形成较大冰晶而造成细胞损伤。复温时造成的细胞损伤非常快，往往在极短的时间内发生，所以细胞冻存和复苏坚持慢冻快融原则。

理论链接2

细胞的运输

由于培养细胞株（系）的商品化，细胞培养室之间的交流、交换和购买已成为生命科学研究中的一个重要组成部分，培养细胞的运输成为研究工作的一个重要环节。如果不了解所要细胞的性状、培养液特点及培养注意事项，运输时不注意使用特殊容器或温度等，就可能影响细胞的生长，或出现差错，或导致培养失败等。

装运细胞的主要方法如下：

2.1 冷冻储存运输

冷冻储存运输是一种利用特殊容器内盛液氮或干冰的运输方法。保存效果较好，但缺点是比较麻烦，不宜长时间运输，多需空运，代价较大。具体操作步骤：

2.1.1 使用干冰（−78℃）置于塑料泡沫盒中，处理得当，可以保存7～8天。一旦出现融解，细胞活力将急剧下降。

2.1.2 将细胞冻存管严密包裹，所用塑料泡沫盒不小于300mm×300mm×300mm，壁的厚度约为50mm，内部空间为200mm×200mm×200mm，这样大的空间需放入5kg干冰。

2.1.3 以最快的速度将细胞从液氮转入干冰中，否则细胞将以10～20℃/min的速度升温。绝对不能让温度高于−50℃。到达目的地后，即可按常规复苏处理。

2.2 充液法

此种方法较为简单。一般选择生长良好的细胞，以生长1/3～1/2瓶底壁为宜，去掉旧培养液，补充新的培养液至瓶颈部，保留微量空气，拧紧瓶盖，并用胶带密封，放在一运送盒内，用棉花等做防震防压处理。运输时间需4～5天，一般放在贴身口袋即可，到达目的地后倒出多余的培养液，只需保留维持生长所需的培养液置37℃培养，次日传代。如果在市内运输或仅需数小时运输路程，也可将细胞附着面朝上，或把培养液全部倒掉放在胸部口袋运送。靠附着于细胞表面的培养液，可使细胞短时间不受损。

细胞复苏步骤（非玻璃化冻存的复苏方法）：

仪器：水浴锅，移液器，生物安全柜。

耗材：15ml 离心管。

试剂：DMEM 完全培养基。

（1）细胞实验室进行常规消毒，紫外线照射 40 分钟以上。

（2）将恒温水浴箱的温度调节至 38℃，再将 DMEM 完全培养基进行预热 20 分钟；用 75%酒精擦拭紫外线照射 30 分钟的生物安全柜台面。在工作台中按次序摆放好消过毒的离心管、吸管、培养瓶等。

（3）佩戴眼镜和手套，根据细胞冻存记录按标签找到所需细胞的编号，从液氮罐中取出细胞盒，取出所需的细胞，同时核对管外的编号。将冻存管装入一次性塑料手套，然后立即投入 38℃温水中迅速晃动，直至冻存液完全溶解。

（4）待冻存管内液体完全溶解，取出冻存管，用酒精棉球擦拭冻存管的外壁，再拿入生物安全柜内。在 15ml 离心管内加入约 10ml 完全培养基，将 1ml 细胞冻存悬液用移液器缓慢滴入 15ml 离心管，以便细胞冻存悬液中的 DMSO 能缓慢渗出细胞。

（5）将细胞悬液经 800～1000r/min 离心 5 分钟，弃上清液。

（6）向细胞沉淀内加入完全培养液，轻轻吹打混匀，取少量细胞进行台盼蓝染色后计数，测细胞复苏活力；将细胞悬液转移到培养瓶内，补足培养液进行培养。

（7）将培养瓶放入 37℃ 5%CO_2 的培养箱内（24～48 小时）后换液继续培养，具体培养时间根据细胞情况而定。

注意事项：

（1）复苏时要快速解冻。取冻存细胞管时需戴手套，用镊子将细胞冻存管取出，切不可直接用手，防止液氮冻伤。解冻操作过程动作要轻。由于冷冻保存过的细胞变得非常脆弱，不仅解冻速度要快，而且动作要轻。解冻时务必注意安全，预防冷冻管爆裂。冷冻管在水浴中解冻时，液面不可超过冻存管盖面，否则，易发生污染。

（2）在细胞复苏操作时，应注意融化冻存细胞速度要快，可不时摇动冷冻管，使之尽快通过最易受损的温度段（-5～0℃），这样复苏的冻存细胞存活率高，生长及形态良好。然而，由于冻存的细胞还受其他因素的影响，有时也会有部分细胞死亡。此时，可将不贴壁、漂浮在培养液上（已死亡）的细胞轻轻倒掉，再补以适量的新培养液，也会获得较为满意的结果。

四、项目预案

细胞复苏失败可能与以下因素有关：

（1）冻存时细胞数量少或生长状态不良。

（2）细胞受细菌或支原体感染。

（3）液氮罐保存不善，没有及时补充液氮。

（4）复苏时培养条件改变，如换用另一批号小牛血清或不同种培养液。

（5）复苏方法不当。

五、项目实施

（1）对班级学生进行分组，每次课前找一组学生参与项目前准备工作，对其下发该次项目任务报告书，简单讲解项目内容，教师与这二位学生讨论项目任务、流程及项目预期效果，最后根据讨论的内容进行项目前准备。

（2）在项目实施过程中，由这一组学生配合教师共同完成项目指导工作，并在项目结束后组织本班学生完成清场工作，每组轮流参与项目前准备工作和清场工作。

六、项目评价

项目评价具体详见表 7-1～表 7-4。

表 7-1 项目评价表（满分 100 分）

评 价 内 容			
学生互评（70 分）			教师评价（30 分）
完成过程（30 分）	完成质量（30 分）	团队合作（10 分）	项目报告评价（30 分）

表 7-2 项目评价标准——学生用表

动物细胞复苏技术项目评价标准——过程评价				
任 务	评价内容	分值	考 核 标 准	得 分
动物细胞复苏项目过程评价（30 分）	细胞复苏前准备	5 分	按操作规程进行细胞复苏前准备工作（5 分）	
	动物细胞复苏操作	20 分	按操作规程及注意事项对冻存细胞进行复苏操作（20 分）	
	清场工作	5 分	按要求整理好仪器设备，做好实验室卫生清场工作（5 分）	
完成质量（30 分）	细胞复苏前准备	5 分	能按操作要求做好复苏前准备工作（5 分）	
	动物细胞复苏操作	20 分	能按操作要求及注意事项对细胞进行复苏及培养工作（20 分）	
	清场工作	5 分	能按要求整理好仪器和试剂，做好卫生清场工作（5 分）	
团队合作（10 分）	合作态度	5 分	积极参与项目的分工、讨论（5 分）	
	合作效率	5 分	积极帮助小组成员有效完成任务，分析/解决问题（5 分）	
合 计				

表 7-3 项目评价标准——教师用表

动物细胞复苏技术项目评价标准				
	评价内容	分值	考 核 标 准	得 分
项目报告（30 分）	细胞复苏前准备	5 分	细胞复苏前有哪些工作要准备（5 分）	
	动物细胞复苏操作	20 分	用自己的理解简述细胞复苏原理及复苏注意事项（20 分）	
	清场工作	5 分	对本次项目的完成，有哪些体会可与小组同学分享或有哪些教训需进行总结（5 分）	
合 计				

表 7-4　细胞培养耗材无菌处理项目评价考核成绩表

组别	姓名	组间互评（学生）			班级评价（教师）	总分值
		项目过程（30分）	完成质量（30分）	团队合作（10分）	项目报告（30分）	
第一组						
第二组						
第三组						
第四组						
第五组						
第六组						

七、项目作业

（1）细胞复苏前有哪些工作要准备？

（2）用自己的理解简述细胞复苏原理及复苏注意事项。

（3）对本次项目的完成，有哪些体会可与小组同学分享或有哪些教训需进行总结。

项目八　动物细胞生物反应器培养系统

一、项目要求

本次教学任务即了解动物细胞生物反应器培养系统的组成及其常规配套设备。

1. 时间要求　4 学时。

2. 质量要求　能够掌握动物生物反应器细胞培养系统的组成及其常规配套设备。

3. 安全要求　能遵守操作规程，保证自身和环境安全。

4. 文明要求　自觉按照文明生产规则进行项目作业，保持个人整洁与卫生，防止人为损害仪器。

5. 环保要求　努力按照环境保护要求进行项目作业，按要求进行各项操作，并及时清理。

6. GMP 要求　按照项目 SOP 进行操作。

二、项目分析

1. 动物细胞培养实验室　动物细胞培养实验室一般分为两个或三个区域：①培养区域，安装生物反应器培养系统及其附属设备；②配液区域，进行溶液和培养基的配制；③分析区域，进行细胞计数、常规的生化参数分析、HPLC 检测等。动物细胞培养实验室同时需要配套必要的公共设施，如压缩空气、蒸汽、水、电、气体等，以维持生物反应器培养系统和其他分析仪器的正常运转。

（1）压缩空气：在培养过程中需要向生物反应器中不断地供给无菌的洁净空气，以满足细胞在生长和产物合成过程中对氧气的需求，通常由空气压缩机和空气除菌设备提供。

1）空气压缩机：空气在压缩的过程中会随着压力的增加而体积缩小，易出现水分饱和析出；有时还会带入压缩机的润滑油（目前大多已采用无油压缩机，但无法做到真正无油）；在空气中本身存在大量的灰尘和颗粒，因此压缩空气在制备过程中需要进行除尘、除油水处理。空气压缩机中出来的空气，通常比所需的压力高得多，需要在压缩机的下游安装减压阀。空气管路需要采用具有光滑内表面的非腐蚀材料制成，以防止污垢的停留，管路内所有的接头需要能耐受空气输送压力。

2）空气除菌设备：传统的工业化微生物发酵企业通常采用的是棉花活性炭过滤器、玻璃纤维过滤器、超细玻璃纤维纸等空气除菌设备，这类过滤器除菌效率低，装拆劳动强度大。目前已被各种微孔膜过滤器代替，如空气总滤器可以采用 YUD-Z 型微孔膜过滤器，过滤介质采用涂层式过滤材料组装的滤芯，常用的滤芯是 DMF（聚四氟乙烯聚合膜）或者 DGF（玻璃纤维复合毡）。空气过滤器可以分为两类，一类是耐高温高分子膜材，主要包括聚偏乙烯微孔膜、硼硅酸涂氟微孔膜、聚四氟乙烯微孔膜等，该类膜材制备的滤芯可以耐蒸汽灭菌；另一类是金属烧结膜材，如镍制微孔膜、不锈钢微孔膜等，该类膜材制备的滤芯机械强度大，可耐高温蒸汽灭菌。

无菌空气的质量指标：①压缩空气压强，一般要求空气压缩机出口的空气压强控制在 0.2～0.35MPa，不必强求压缩机出口的空气压强过高；②空气流量，根据生物反应器设备的体积确定；③相对湿度，由于空气过滤器通常采用的是纤维纸、PPTP 等过滤介质，过滤介质受潮后过滤效果会大大降低，因此压缩空气的相对湿度控制在 60%～70%；④洁净度，通过除菌处理后压缩空气中的含菌量降低至零或者达到洁净度 100 级。

（2）蒸汽：在动物细胞培养室中需要通过蒸汽对生物反应器、耐热培养基、取样装置、补料装置等进行在线高温高压灭菌，在大型生物反应器中也可以采用蒸汽进行温度控制。如果实验室所在建筑物本身能提供必要的蒸汽供应设施，那么只要将蒸汽通过管道接进实验室中即可。如果实验室没有蒸汽供应系统，则需要向有关生产厂家购买相应的蒸汽发生装置。供应的蒸汽应尽可能干净，在实验室中所有的蒸汽管路应加上防护套进行保温，以防止形成冷凝水。蒸汽管路应由专业技术人员安装。

（3）水：在培养室中需要恒定供应自来水，用于维持生物反应器的运行和控温。玻璃器皿的清洗、动物细胞培养基配制、浓缩溶液的稀释都需要提供更高纯度的水，一般采用去离子水或者反渗水冲洗玻璃器皿，超纯水（UPW）配制培养基和稀释溶液，超纯水制备需要经过反向渗透、蒸馏、碳过滤和去离子等 3 个或 4 个步骤。水中若含有杂质，会对细胞产生不利影响。水中污染物的类型包括无机物、有机物、细菌产物颗粒等，无机物包括重金属、铁、钙、氯等；有机物主要是植物腐败的副产物和洗涤剂；细菌会产生热原。由于水的来源不同，水的纯度也千差万别。

需要注意的是一些如金属、有机物和热源的污染物会在水储存时引入。空气中的杂质和有毒气体也能够污染水，储存容器也常会释放离子进入水中，输送管路也是重要的污染源。因此，超纯水放置的时间不宜过长，储存水的容器要用硼硅玻璃瓶，输送水的管路应选用经过预处理的硅橡胶或者其他无毒橡胶管。

（4）电：实验室需要供应电进行照明，并向各种机械装置和设备提供能量。电力供应需要满足所有装置以及未来发展需要的容量。生物反应器、高压灭菌锅和空气压缩机均是耗电量大的装置。实验室中每个生物反应器需要多个电源插座，用于向罐、泵和其他装置供电，也可以使用插座板，以克服墙上电源插座的缺乏。注意不能使实验室的电容量过载，在专业的实验室中需供应三相电。

（5）气体：在动物细胞培养过程中，除了空气供应外，须另外提供 CO_2 进行 pH 的控制，提供 O_2 和 N_2 进行溶氧控制，这三种气体通常以钢瓶压缩气的形式提供，此时应设置安全带或采取一些保护措施，若需要大量使用时，可以在实验室外部安装永久的钢瓶架，通过气体用管路输送到实验室内供气装置的出口。

2. 生物反应器培养系统 生物反应器培养系统的安装地点应确保有足够大的空间，以便能安装生物反应器的各种附属设施，如空气压缩机、冷却水系统及其各种管道。生物反应器与墙体之间也应留有适当的空间以便安装与检修，生物反应器的附近应留有废水排出管道，以便生物反应器运行过程中废水的排放。安装时应特别注意的是，所有的管道要求：①耐高温高压，生物反应器在灭菌过程中罐体温度达到 121℃，一般的管道易老化；②耐腐蚀，生物反应器中流出的液体可能为酸性或者碱性物质。

为了保证生物反应器培养系统的正常运行，便于各项操作，需要配套各种设备，如蒸汽发生器提供一定压力的蒸汽；CO_2 摇床制备摇瓶规模的种子细胞；泵和泵管用于液体的转移和培养过程的补料；搅拌器用于液体的混合和培养基的配制。

三、项目实施的路径与步骤

（一）项目路径

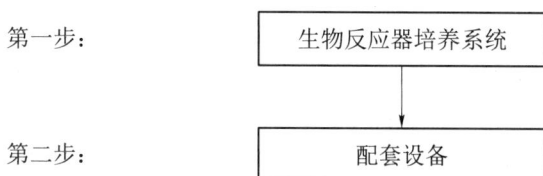

第一步：　生物反应器培养系统

第二步：　配套设备

（二）项目步骤

第一步：生物反应器培养系统

生物反应器培养系统分为控制器和生物反应器两部分。

通过生物过程控制器可以对培养过程的各种参数如温度、pH、溶氧、搅拌速度、空气流量等进行设定、显示、记录，并对这些参数进行反馈调节控制，既能在现场实地实时观察培养过程的变化，又可对培养过程实施远程监控。

生物反应器是以活细胞或酶为对象，为进行细胞增殖或生化反应提供适宜环境的设备，是生物反应过程中的关键设备。通常微生物发酵过程用的反应器称为发酵罐，酶反应过程用的反应器称为酶反应器，专门为动物细胞培养用的反应器，称为动物细胞培养用生物反应器。

目前常用的动物细胞培养用生物反应器主要分为机械搅拌式生物反应器、气升式反应器、固定床和流化床生物反应器及一次性生物反应器几大类。其中机械搅拌式生物反应器是最经典、最早被采用的一种生物反应器，现今在动物细胞培养领域已经得到广泛的应用。

生物反应器的构造主要包括罐体和附属配套设备系统两大类。罐体是动物细胞生长和繁殖的直接场所；附属的配套设备系统则是为动物细胞正常的生长繁殖提供适宜的环境，并实时监控整个培养过程，包括搅拌系统、通气系统、温控系统、取样系统和补料系统。

1. 罐体 生物反应器罐体根据罐体的材质可以分为玻璃生物反应器和不锈钢生物反应器两种，根据罐体大小也可分为小型生物反应器、中型生物反应器、工业规模大型生物反应器。

2. 搅拌系统 搅拌装置在旋转时会使罐内液体产生一定途径的循环流动，在流动过程中，混合液中的液体被分散成一定尺寸的液团。通常在搅拌桨叶附近湍流程度最高，速度梯度最大，产生很大的剪切力，在剪切力的作用下，液体被撕成微小液团，若通入气体可使气泡粉碎，并随液体流动至罐内各处，达到均匀混合的目的。即搅拌的作用可以概括为两点：一是带动液体流动，使液体均匀分布；二是产生强烈的湍流，使液体、气体、固体微小化，从而达到混合、传质和传热的效果，尤其是对氧的溶解有决定性意义。

搅拌系统主要包括马达、搅拌轴、搅拌桨叶和挡板等部件。马达通常固定在罐盖顶部的中心位置，在大体积的不锈钢生物反应器中也可以安装在罐底。在罐内与马达相应连接的是搅拌轴，以及轴上安装的搅拌桨叶。搅拌器桨叶设计的目的在于使整个培养罐体中的细胞、气体和营养物质分布均匀，从而能为细胞正常提供均衡的氧气和营养分布，保证细胞不会沉积至罐体底部，并维持均一的培养温度。对于搅拌桨叶类型和数量的选择，需要参考培养生物的耗氧能力和对剪切力的敏感性。一般搅拌功率取决于桨叶类型、桨叶数量、桨叶直径、转速和培养基本身的黏度。

在较大体积的生物反应器内，仅仅单靠搅拌桨叶无法保证整个液体间的溶质分布均匀，为了增加溶液的混合和传质效果，可以在罐壁上安装挡板。一般以间隔120°安装在罐的内壁上，其结构如图8-1所示。同时罐内安装的pH电极、DO电极、温度电极夹套、取样管、深层通气管等也可以起到挡板的作用。

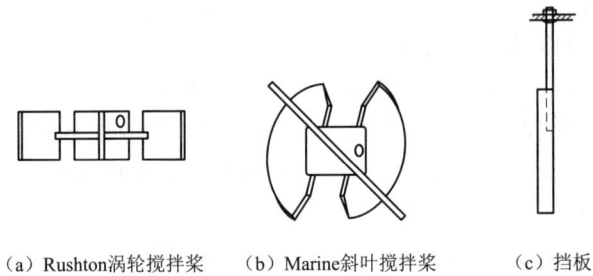

（a）Rushton涡轮搅拌桨　　（b）Marine斜叶搅拌桨　　（c）挡板

图8-1　搅拌系统的搅拌桨和挡板结构示意图

理论链接1

搅 拌 系 统

1.1　搅拌系统（stirrer assemblies）

搅拌系统主要分为两类，机械搅拌系统和磁力耦合搅拌系统。

对于机械搅拌系统，结构主要包括马达、搅拌装置和相应的机械轴封。机械轴封的作用是保证罐结构的密封性。轴封的设计既要满足可以蒸汽灭菌，同时也要满足可以采用无菌空气保压防止泄露，并周围注满无菌水达到润滑和冷却作用，一般采用的是双端面轴封。

对于磁力耦合搅拌系统，结构主要包括马达、搅拌装置、主动磁转子、从动磁转子及隔离套等零部件。其中马达通过传动轴将动力传递给主动磁转子，在磁力耦合的作用下从动磁转子开始转动，从而带动从动磁转子连接在一起的搅拌装置转动，达到搅拌的目的。其结构无接触传递力矩，使搅拌部件完全与外界隔绝，能彻底解决机械密封与填料密封的泄漏问题，因此可以满足更高的工艺安全。

1.2　搅拌器桨叶

目前在动物细胞大规模培养中广泛应用的搅拌器形式主要有：Rushton 涡轮搅拌桨和 Marine 斜叶搅拌桨两大类。二者即可独自叠加使用，也可组合使用，如在较大体积生物反应器中，可以上层采用能产生轴向流的 Marine 斜叶搅拌桨，强化混合效果，而下层采用 Rushton 涡轮搅拌桨，有利于粉碎气泡，强化氧的传递，从而达到最佳搅拌效果。

1.2.1　Rushton 涡轮搅拌桨：以它的设计者 J.H.Rushton 而命名的，搅拌桨的叶片是平的，沿搅拌轴垂直分布，主要以产生径向流为主，可以将罐体底部通入的气体快速打散成小气泡，从而增加气液两相的接触面积。为了避免气泡沿轴上升，在桨叶中央设有圆盘。其缺点是产生的剪切力较大，由于只是产生径向流，所以混合效果也较差，一般配合挡板产生轴向流。主要用于对剪切力不敏感的细胞系培养，如细菌及植物细胞的培养。

1.2.2　Marine 斜叶搅拌桨：斜叶搅拌桨具有呈 45°角固定的平面桨叶，能同时产生轴向流和径向流，这种组合流向能实现较好的物料混匀效果，并能提供更高的氧转移速率。斜叶搅拌桨在保证混合效果的前提下，其流场剪切特性也较少。因此适用于哺乳动物、昆虫或其他剪切力敏感细胞株的悬浮培养或微载体培养，目前斜叶搅拌桨已经广泛应用于动物细胞培养用的生物反应器中。

1.3　挡板（impellers）

在搅拌过程中，搅拌轴中心会产生切向液体流动，由于切向速度的作用，使得液体在罐内做圆周运动，圆周运动产生的离心力会使罐内液体在径向分布呈抛物线，形成液面下凹现象。特别是搅拌转速越大时，下凹的现象越严重，甚至可使搅拌桨叶不能全部浸没在培养液中，而且靠近罐壁处流体速度很低，气液混合不均匀。安装挡板后，液体被搅拌桨叶径向甩出后，遇到挡板阻碍后会形成向上、向下两部分垂直方向运动，向上部分经过液面后，流经轴中心而转下，从而有效地阻止罐内液体圆周运动产生的下凹现象。

3. 通气系统　通气系统分为进气系统和出气系统（尾气系统）两部分（图 8-2）。

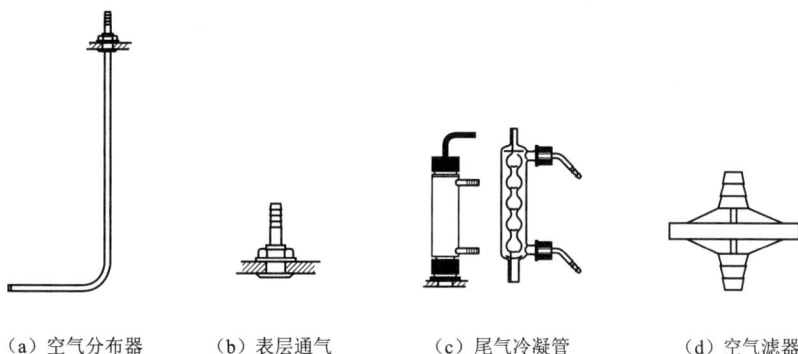

（a）空气分布器　　　（b）表层通气　　　（c）尾气冷凝管　　　（d）空气滤器

图 8-2　通气系统的关键部件的结构示意图

（1）进气系统：空气压缩机产生的压缩空气，经减压阀调节至合适压力后通过进气系统的气体管路进入罐内，以满足细胞的耗氧需求，并可以维持一定的正压。动物细胞进气系统分为深层通气和表层通气两种模式。深层通气是气体通过空气分布器，经搅拌桨叶打碎成小泡后溶解在液体中，达到传递氧作用；表层通气则是气体直接通入罐内的液面上方，一方面增加氧气的传质，同时也可以尽快地排出残留的二氧化碳。

（2）尾气系统：安装于罐盖顶部的尾气系统的目的是排除细胞呼吸代谢的副产物气体，并保持罐内合适的正压和无菌环境，一样需要采用空气滤器隔绝外界空气中的微生物。与进气的空气滤器不一样，由于空气流动和较高的培养温度，尾气中会夹带大量的水分和泡沫，为尽量减少蒸发量和避免空气滤器受潮后堵塞，可在尾气孔处安装尾气冷凝器或者加热器。生物反应器本身的耐压能力有限，尤其是玻璃生物反应器，可在尾气装置处安装压力表,用于实时监测罐内压力,并通过压力安全阀保证安全。

实践链接1

通 气 系 统

1.1 空气分布器(spargers)

生物反应器中通常采用特定的分布器来通入气体,包含空气、氧气、二氧化碳或者氮气的一种或多种混合气体,根据需要按一定的比例首先通过混合室进行混合,然后通过分布器最终进入生物反应器内中。空气分布器安装在最下层搅拌器的正下方,开口朝下,距离罐底较近。当气体通过小孔喷出后,被搅拌器打碎成小气泡,从而达到与培养液的充分混合,有时为了防止吹入气体对罐底的冲击,可以在罐底中央或者正对通气管出口安装分布板作为保护板。

空气分布器的结构形式会直接决定生物反应器内培养液的溶氧效果。在动物细胞培养过程中通常使用的空气分布器的形式可分为以下三种:

1.1.1 L形空气分布器:L形分布器结构简单,加工方便,在小体积的生物反应器中使用比较普遍。由于其对于旋转流场来说不对称,存在溶氧分布不均等问题,不适用于规模化的反应器。

1.1.2 环形空气分布器:当前应用最为广泛的气体过滤器。在环形管路上开出许多小孔,通常采用气体向下的喷射方式(喷射方向为反应器底部),以便于气体喷出后经搅拌桨打碎形成小气泡。

1.1.3 微孔型空气分布器:由美国 Mott 公司研制的一种气体分布器,微孔型分布器是采用粉末压制成型的,这种分布器结构可以对通过烧结层内部的气泡进行数次打碎,进而形成雾状的微小气泡,显著提高传质效果,但过小直径的气泡对细胞本身的损伤也加大。

1.2 空气滤器

由于压缩空气含有悬浮微生物和颗粒,因此在进入罐内前,必须进行无菌过滤处理,如连接空气滤器。空气滤器通常采用疏水的 PTFE 材质,孔径 0.22μm,在滤器前有时含有一层 0.45μm 的过滤膜,以除去悬浮颗粒防止滤器阻塞,空气滤器在使用前需要经过高压蒸汽灭菌。

4. 温控系统 动物细胞在体外培养时,最适温度一般在 37℃左右,高于环境温度,同时培养过程中常常会采用降温工艺,因此要求生物反应器具有一定的加热和降温能力。对于小型生物反应器,可以采用夹套或电热毯进行控温,其中电热毯常见于 1~5L 小体积规模生物反应器;对于中大型生物反应器,则采用夹套水浴电加热自动控温。

5. 取样系统 虽然通过生物反应器配置的 pH 电极、溶氧电极和温度电极可以实时观测培养过程的状态变化,但是对于动物细胞本身的代谢能力和生长情况无法在线深入了解。因此在培养过程中,需要通过取样系统定时取样,获得具有代表性的样品进行进一步分析,包括检测动物细胞生长情况,如细胞密度、活力、结团率和细胞直径的变化,以及分析动物细胞代谢情况,如底物葡萄糖和氨基酸的消耗,代谢产物乳酸、氨的积累。

从而根据动物细胞实时的生长和代谢情况，设定合适的培养条件和补料策略。

6. 补料系统 目前动物细胞通常采用的是流加培养（fed-batch culture）模式，即在培养过程中不断地补加新鲜营养物质，流加培养的特点为能够调节培养环境中的营养物质的浓度。相比较于分批培养模式，一方面可以避免因某种营养成分的初始浓度过高时影响细胞的生长代谢和产物的形成；另一方面还能防止某些限制性营养成分在培养过程中被耗尽而影响细胞的生长和产物的形成。

第二步：配套设备

1. 蒸汽发生器 动物细胞培养过程是纯种培养，不允许有微生物的污染，必须定时对培养的场所、实验器皿、培养基、培养设备，以及通入生物反应器内的空气进行灭菌处理。环境中的气体以及培养过程所需的气体可以通过空气过滤器达到一定或完全的除菌效果。对于培养设备、培养基以及接触的器皿，则需要高压灭菌锅或者在线蒸汽方式装置进行高压灭菌，对于小体积（1~5L）的生物反应器可以整体放入高压灭菌锅中灭菌，较大体积（10L 以上）的生物反应器则需要通过蒸汽发生装置进行在线灭菌。

需要注意的是由于动物细胞培养基中许多物质是热敏性物质，因此不能采用高压蒸汽灭菌，通常采用微孔滤膜过滤除菌法来处理动物细胞培养基，保证培养基无菌，营养成分不被破坏。

2. 泵 在实验室规模的培养工艺中，通常采用蠕动泵来输送液体，选择蠕动泵的优点：

（1）管路内液体只接触泵管，不接触泵体，不会污染泵。

（2）具有良好的自吸能力、可空转。

（3）可防止回流，不需要止回阀。

（4）泵送手段温和，剪切力低，适合输送剪切敏感流体。

（5）精度高，流速稳定。

蠕动泵也称为恒流泵或软管泵，主要由驱动器、泵头和软管三部分组成，其中泵头是蠕动泵的主要组成部分，实现连续挤压软管的功能，完成流体输出。泵头一般由压块、支撑、本体、滚轮装置组成：压块主要用于软管的压紧；支撑和本体主要用于固定滚轮装置；滚轮装置作为连续运转部件，用于软管的不断挤压。

工作原理：通过旋转的转轮对泵管进行交替挤压和释放泵送液体，简单地说就像用手指夹紧一根充满液体的软管，随着手指向前滑动，管内形成负压，流体随之向前移动。蠕动泵就是在两个转辊子之间的一段泵管形成"枕"形流体。"枕"的体积取决于泵管的内径和转子的几何特征。流量取决于泵头的转速、转子每转一圈产生的"枕"的个数与"枕"的尺寸这三项参数的乘积，其中"枕"的尺寸一般为常量。

3. 泵管 蠕动泵所用的管子包括硅橡胶管、Marprene、氯丁橡胶、丁基合成橡胶、聚氯乙烯（PVC）等几种类型。硅橡胶管是最常用的泵管，用途广，使用灵活，耐用，无毒，可高压灭菌；Marprene 是 Watson-Marlow 公司专业设计的泵管，不透明，与硅橡胶管相比寿命提高达 10 倍；丁基合成橡胶管具有较低的透气性，可较好防止氧从培养管路渗透出来，推荐用于厌氧培养；PVC 由于其硬度较大，管子不易压缩，可用于进出生物反应器气压管路和水管。

目前在生物反应器培养系统中开始广泛使用具有热塑性的塑料管，称为热塑管。热塑管通过无菌接管机和封口机实现对管路的多次无菌连接和断开，确保液体在不同袋、瓶和其他容器管路之间的安全转移，可以杜绝染菌概率。

4. 搅拌器 搅拌器分为机械搅拌和磁力搅拌两类。

机械搅拌器是通过电机带动搅拌轴上的搅拌桨转动，实现对液体的搅拌和混合，可以选择合适大小的搅拌轴，应用于不同体积规模的液体混合。磁力搅拌器是通过产生的旋转磁场，驱动容器内的搅拌子转动，达到对容器内液体的搅拌目的，可以加热和搅拌同时进行，一般不适用于大规模体积的液体混合。

下面以实验室常使用到的恒温磁力搅拌器（型号：上海某公司的 S25-2 型，图 8-3）为例，对其使用方法进行介绍。

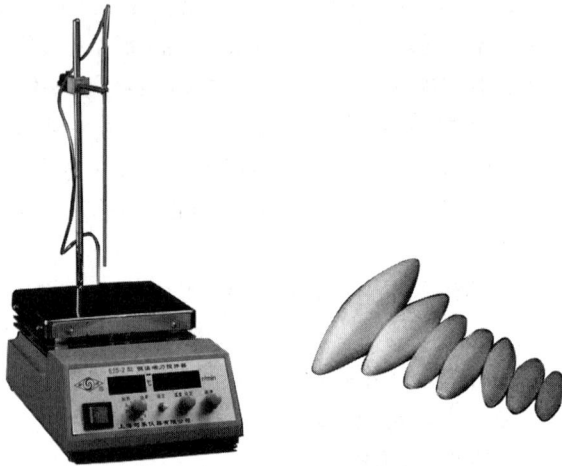

图 8-3 恒温磁力搅拌器和搅拌子

（1）在装有溶液的容器中放置一个合适大小的搅拌子，平放至工作台（电炉）中心。

（2）将温度电极擦洗干净后，插入溶液中，注意不能插到容器底部，也不能碰着搅拌子。

（3）开启电源开关，调节调速旋钮至所需的搅拌速度，此时转速屏上会显示实际的搅拌速度（搅拌转速范围：100～2000r/min），开启搅拌。

（4）将设定开关拨向上，转至温度设定模式，调节温度设定旋钮至所需温度。再将设定开关拨向下，转回温度测量模式，此时温度屏显示温度电极实际测量的温度值。当测定温度与设定值差 15℃时，电炉以全功率（500W）工作，加热指示灯亮起，当测量温度至设定温度，加热自动停止，加热指示灯关闭。

（5）为提高温度的恒稳性，可以调节加热功率旋钮，改变加热功率。

（6）若不要加热，将设定开关拨向上，转至温度设定模式，停止加热，也可以将设定温度旋钮调节至温度以下，再调回温度测量模式，此时加热功能停止（控温范围：室温～250℃）。

四、项目预案

动物细胞培养实验室中需要注意的安全问题：

1. 电安全 动物细胞培养实验室中存在大量的用电设备，并且经常会接触到水和培养液等液体，存在触电或者失火的危险。因此需要专业人员定期检查店里设备、接地线、插座、电线等，同时在操作过程中必须严格按照操作规范进行，戴好防护镜和手套等防护设备，以使实验室潜在的危险降到最低程度。

2. 蒸汽安全 蒸汽在液化过程中会释放出大量的能量，因而蒸汽在接触到皮肤后会对人体造成严重的伤害。使用蒸汽前应该仔细检查各个阀门是否正确开启或者关闭，并且蒸汽阀门开启时应从小到大缓慢开启至合适位置。若不小心被蒸汽烫伤后，立刻用大量冷水冲洗烫伤部位（不要用手擦洗），用烫伤药涂抹，若伤口严重，应立刻送医院处理，严防感染。

3. 物理损伤 由于涉及大量的机械设备和管路，需要小心操作，避免手指夹伤或者割破。对于搬运大体积的物体，最好多人合作完成。

4. 化学试剂安全 在动物细胞培养过程中潜在的具有剧毒腐蚀性组分不多，但是也需要注意酸碱溶液的处理。对于实验室中未知的溶液不允许皮肤直接触摸和品尝。在操作过程中，需要佩戴手套和安全眼镜。

五、项目实施

（1）对班级学生进行分组，每二人一组。每次课前找一组学生参与项目前准备工作，对其下发该次项目任务报告书，简单讲解项目内容，教师与这二位学生讨论项目任务、流程及项目预期效果，最后根据讨论的内容进行项目前准备。

（2）在项目实施过程中，由这一组学生配合教师共同完成项目指导工作，并在项目结束后组织本班学生完成清场工作，每组轮流参与项目前准备工作和清场工作。

六、项目评价

项目评价详见表8-1～表8-4。

表8-1 项目评价表（满分100分）

评 价 内 容			
学生互评（70分）			教师评价（30分）
完成过程（30分）	完成质量（30分）	团队合作（10分）	项目报告评价（30分）

表8-2 项目评价标准——学生用表

动物细胞生物反应器培养系统——过程评价				
任　务	评价内容	分值	考 核 标 准	得　分
动物细胞生物反应器培养系统的认识（30分）	动物细胞生物反应器培养系统的组成	2分	可以区分控制器和生物反应器（2分）	
	生物反应器	10分	可以区分玻璃生物反应器和不锈钢生物反应器（2分）	
			可以区分生物反应器的搅拌系统、通气系统、温控系统、取样系统、补料系统（8分）	

动物细胞生物反应器培养系统——过程评价

任 务	评价内容	分值	考 核 标 准	得 分
	配套设备	10分	认识常规的配套设备：蒸汽发生器、泵、泵管、搅拌器，并可以进行简单的操作（每个仪器的认识和操作各2.5分）	
	清场工作	8分	能按要求整理和维护各个仪器（4分）	
			关闭电源、自来水和蒸汽阀门（4分）	
完成质量（30分）	公共设施	5分	在生物反应器实验中能按照规章制度操作，并作好个人安全防护（5分）	
	生物反应器	10分	能掌握生物反应器的基本组成和各部件的作用（10分）	
	配套设备	10分	能认识常规的配套设备，并了解其功能（10分）	
	清场工作	5分	能按要求整理和维护各个仪器，关闭电源、自来水和蒸汽阀门（5分）	
团队合作（10分）	合作态度	5分	积极参与项目的分工、讨论（5分）	
	合作效率	5分	积极帮助小组成员有效完成任务，分析/解决问题（5分）	
合 计				

表8-3 项目评价标准——教师用表

动物细胞培养实验室安全防护教育项目评价标准

	评价内容	分值	考 核 标 准	得 分
项目报告书（30分）	对动物细胞培养实验室公共设施的认识	5分	动物细胞培养实验室的公共设施（5分）	
	生物反应器系统的认识	10分	生物反应器的基本构造，以及各个部件的作用（10分）	
	配套设备的认识	10分	动物细培养实验室常规的配套设备，以及各个设备的作用（10分）	
	清场工作	5分	对本次项目的完成，有哪些体会可与小组同学分享或有哪些教训需进行总结（5分）	
合 计				

表8-4 项目评价考核成绩表

组别	姓名	组间互评（学生）			班级评价（教师）	
		项目过程（30分）	完成质量（30分）	团队合作（10分）	项目报告（30分）	总分值
第一组						
第二组						

组别	姓名	组间互评（学生）			班级评价（教师）	
		项目过程（30分）	完成质量（30分）	团队合作（10分）	项目报告（30分）	总分值
第三组						
第四组						
第五组						
第六组						

七、项目作业——撰写项目报告书

（1）动物细胞生物反应器系统的组成包括哪两部分。

（2）动物细胞生物反应器除了罐体外，还包括哪些附属的配套系统。

（3）为了保证生物反应器培养系统的正常运行，便于各项操作，还需要配套哪些设备，各有什么作用。

（4）动物细胞培养实验室中需要注意的安全问题。

（5）对本次项目的完成，有哪些体会可与小组同学分享。

项目九　生物反应器的组装

一、项目要求

本次教学任务即按照标准操作流程对 3L 生物反应器和 30L 生物反应器进行组装。

1. 时间要求　4 学时。

2. 质量要求　能根据操作流程完成对 3L 生物反应器和 30L 生物反应器的组装，并清晰各个结构部件的作用。

3. 安全要求　能遵守操作规程，保证自身和环境安全。

4. 文明要求　自觉按照文明生产规则进行项目作业，保持个人整洁与卫生，防止人为污染样品。

5. 环保要求　努力按照环境保护要求进行项目作业，按要求进行操作，并及时清理。

6. GMP 要求　按照项目 SOP 进行操作。

二、项目分析

（一）生物反应器

生物反应器是大规模动物细胞培养的核心设备，动物细胞培养技术能否大规模工业化、商业化，关键在于能否设计合适的生物反应器。动物细胞与微生物细胞相比有很大的差异，其对体外培养环境有严格的要求，如动物细胞没有细胞壁，对剪切力、渗透压等物理环境因素非常敏感，同时动物细胞生长速度相对比较缓慢，耗氧量远远低于好氧微生物培养，因此传统的微生物发酵罐不能简单地适用于动物细胞培养，必须根据动物细胞的特性，设计专用的反应器的结构和过程控制系统。一台动物细胞培养生物反应器的设计必须满足如下要求：

（1）生物因素：生物反应器应有良好的生物相容性，结构材料不能残留任何细胞毒害，能够很好地模拟动物细胞在体内的生长环境。

（2）传质因素：具有良好的传质能力，充分并均匀地供应生物反应过程所需的氧气和营养物质。

（3）传热因素：动物细胞培养最适温度一般在 37℃左右，高于室温，因此能及时、均匀地供应或者除去反应过程的热量，并无热点。

（4）流体力学因素：能够提供充足的混合，使反应器中的条件一致，同时不产生过大的流体剪切力，避免使细胞受到伤害，特别是防止产生的气泡对细胞的损伤作用。

（5）安全因素：结构严密，具有严密的防污染性能。

（6）操作因素：内壁光滑，应清洗，操作简单，维护方便。

（二）生物反应器的分类

按照细胞的培养方式不同，可分为悬浮培养用反应器、贴壁培养用反应器和包埋培养用反应器三种。

（1）悬浮培养用反应器：如机械搅拌反应器、中空纤维反应器、气升式反应器。

（2）贴壁培养用反应器：如机械搅拌反应器（微载体培养）、中空纤维反应器、玻璃珠床反应器。

（3）包埋培养用反应器：如流化床反应器、固定床反应器。

下面简单介绍几个常用的生物反应器类型：

1）机械搅拌反应器：最经典、最早、最普遍的一类生物反应器，通常由罐体、管路、阀门、泵、马达等组成，由马达带动桨叶混合培养液，通过搅拌器的作用使细胞在培养液中均匀分布，罐体上安装不同的传感器，用于在线实时监测培养液的pH、溶氧、温度等重要参数。针对动物细胞培养的特点，对搅拌器和通气方式进行改进，可以通过搅拌器的作用使细胞和养分均匀分布在培养液中，并增大气泡和液体的接触面，有利于氧的传递。

2）气升式反应器：Le Franios 于 1956 年首先开发的。最初被用于生产单细胞蛋白，1979 年首次应用于培养动物细胞，其特点是结构简单，反应器内没有机械运动部件，通过直接喷射空气进行供养，氧传递系数高，供氧充足；产生的湍动温和均匀，剪切力较少，对活细胞损伤率比较低；液体循环量大，细胞和营养物质能均匀充分于培养基中。

工作原理：利用空气喷嘴喷出高速空气，空气以气泡式分散于液体中，在通气一侧，液体平均密度下降，不通气一侧，液体密度较大，因此两侧产生密度差，从而形成液体的环流，并带动细胞和营养物质的传递。气升式反应器主要有两种构型，一种是内循环式，一种是外循环式。动物细胞培养一般采用内循环式。

3）中空纤维反应器：膜式生物反应器中的一种，主要是模拟生物体循环系统中毛细血管的结构及功能设计而成，该装置是由成束的中空纤维组成，其构造犹如光纤排列在电缆一般。中空纤维管的关闭是半透性的多孔膜，氧气和二氧化碳等小分子气体可自由双向通过，而大分子有机物不能透过，即通过中空纤维膜隔离的细胞和介质。动物细胞可以培养在中空纤维的内壁或者外壁，利用膜两侧气液两相的浓度或者分压差进行物质的交换。

优点：该装置可安装成千根的中空纤维管，溶氧传递速率也高于悬浮培养，故细胞产量高，细胞密度可达 10^9 数量级，细胞和培养基可以分离，避免血清对产品的污染；培养时间可持续较久，产物浓度高，同时适用于悬浮细胞和贴壁细胞培养。缺点：价格昂贵，消耗量大，不可重复使用，灭菌困难，不易放大。

4）流化床反应器：流化床反应器的原理是使支持细胞生长的微粒呈流态化。微粒直径一般约 500μm，具有像海绵一样的多孔性，可由胶原制备，其在高速向上流动的培养液中呈液态化。为了细胞的连续生长和生产，它采用一种构造特殊的分离系统，且由不同的腔室组成，并确保灌注过程中颗粒的完整保留，当细胞接种于微粒中，随着培养液垂直向上循环流动，不断提供细胞必需的营养成分，同时新鲜培养基可以不断添加，培养产物或代谢副产物不断被排除。其采用的是通气搅拌，因而剪切力低，并能确保颗粒均匀涡流。气泡敏感细胞可以通过硅胶膜实现无泡通气，在流化床动物细胞反应中，为了方便气泡敏感细胞的培养，可使用纤维加固的硅胶管所构成的无泡通气系统。

5）固定床反应器：固定床反应器可用于贴壁依赖性细胞的微载体和大孔载体的培养。固定床反应器中的填充材料采用的是惰性的玻璃、陶瓷或聚氨基甲酸乙酯等，通常是直径 2～5mm 的实体或多孔球。培养基循环通过固定床，充氧器连接在循环回路上中，细胞接种在填充物的表面，随着细胞的增殖，开始充满颗粒间的孔隙。该系统无需特殊的气、固、液分离装置，由气泡产生的剪切力和细胞损伤是很微弱的，具有高度的细胞截留和灌注能力，但对细胞密度和存活率的测定是一个难题。

（三）生物反应器培养系统的组成

生物反应器培养系统包括控制器和生物反应器两大部分。控制器通过传感器，收集和储存培养过程的信号数据，并进行综合分析和处理，再通过效应器执行相应的操作，以便对整个培养过程进行监测和控制。生物反应器罐体是一个密闭的容器，作为细胞培养的场所，通过附属的配件创造细胞培养的适宜环境。

生物反应器的基本结构包括：罐体、搅拌系统（搅拌轴、搅拌桨桨叶、挡板）、通气系统（进气系统和尾气系统）、温控系统（电热毯或者夹套）、取样系统和补料系统。

三、项目实施的路径与步骤

（一）项目路径

第一步：　3L生物反应器组装

第二步：　30L生物反应器组装

第三步：　清场工作

（二）项目步骤

第一步：3L 生物反应器的安装

以荷兰 Applikon 公司的 BioBundle 系列玻璃罐生物反应器为例进行介绍。BioBundle 系列玻璃罐分为夹套罐体和单壁罐体两种，体积大小有 1L、2L、3L、5L、7L、15L、20L 等多种选择，生物反应器培养系统结构如图 9-1 所示。BioBundle 系列的 3L 单壁罐体玻璃生物反应器是目前动物细胞小试培养中比较常用的一类，因此我们以该型号生物反应器为例详细介绍小型生物反应器的组装过程。

BioBundle 系列 3L 单壁罐体玻璃生物反应器，采用 ez-Control 控制系统。其组装分为罐体和配件两大块，其中配件的组装可以细分为搅拌系统、通气系统、温控系统、取样系统和补料系统五个部分。

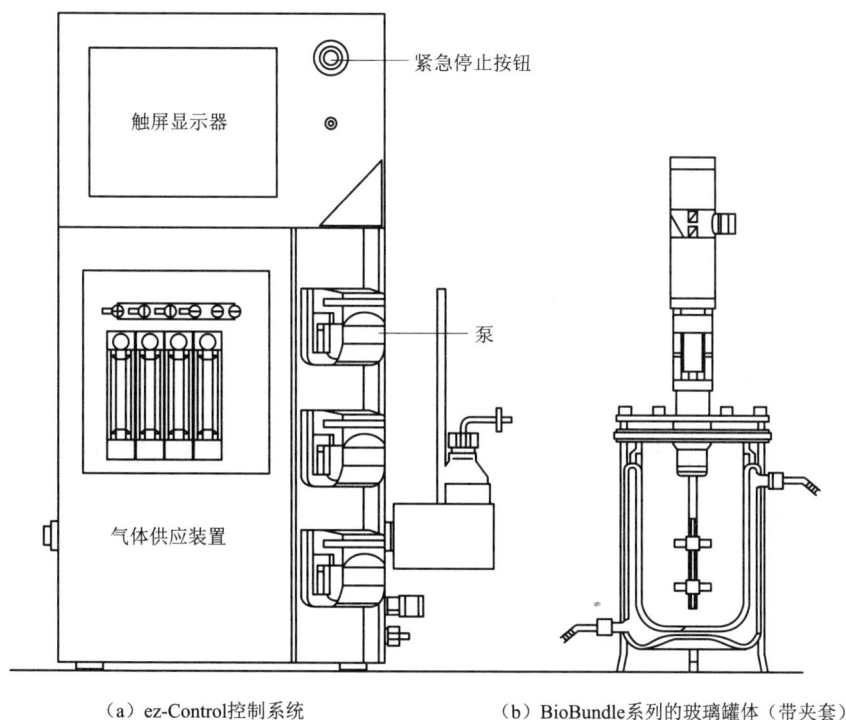

（a）ez-Control控制系统　　　　　（b）BioBundle系列的玻璃罐体（带夹套）

图 9-1　BioBundle 系列玻璃生物反应器的结构示意图

该型号仪器的主要结构和性能参数如下：

（1）电极：带电缆的胶填充 pH 电极；带电缆的低漂移溶氧电极；带电缆的 Pt100 电极。

（2）控制器：ADI1010 控制器，内部带有搅拌控制器；含有 3 个转子流量计和 3 个循环泵，以及水和气体接头。

（3）搅拌系统：Lipseal 搅拌器；Marine 斜叶搅拌桨，涡流；搅拌速率 0～1250r/min；电机功率 100W。

（4）通气系统：带多孔气体分布器的空气进气管；气体可以叠加；配有不锈钢尾气冷凝器。

（5）补料系统：单通补料组件；三通补料组件。

（6）取样系统：取样管；Harvest 管。

（7）pH 控制：通过带电磁阀转子流量计控制叠加 CO_2；通过管道泵加碱液。

（8）DO 控制：通过转子流量计控制空气；通过带电磁阀的转子流量计控制氧气；也可通过搅拌速率控制氧气。

（9）温度控制：罐体周围的加热毯。

1. 罐体安装

（1）逆时针松开固定罐盖的六个螺母，取出罐盖。注意在松开的过程中需要两两对称拧松，同时在安装时需要顺时针对称拧紧。

（2）在罐盖中心 M30×1 螺纹孔安装搅拌装置。

（3）将 3 块 Marine 斜叶搅拌桨桨叶连接至搅拌装置上。

（4）三块挡板从罐盖底部插入，在罐盖顶部拧紧螺母固定（若反应器未配置挡板，可省略此步）。

（5）从罐盖底部插入安装直径 10mm 孔和直径 12mm 孔处的配件，在罐盖顶部拧紧螺母固定。

（6）对于 M18×1.5 螺纹孔的配件，由于配件自身带有螺纹，在罐盖顶部直接拧紧。

（7）将溶氧电极支撑架安装在 G3/4* 螺纹孔，用于安装溶氧电极。

（8）将罐盖装回反应器，两两对称顺时针拧紧罐盖的六个螺母，保证罐体的密封性。

理论链接1

BioBundle 系列 3L 单壁罐体玻璃生物反应器罐体的结构尺寸

1.1 罐体

1.1.1 内径：130mm。

1.1.2 最大工作高度：200mm；整体高度：250mm。

1.1.3 体积：总体积 3.1L；工作体积 2.4L；最小工作体积 0.6L。

1.1.4 高径比（H/D）：总 H/D 1.9；工作 H/D 1.5。

1.1.5 耐压范围：−1～0.5bar（1bar=10^5Pa）。

1.2 罐盖

共有 18 孔，包含 1 个 M30×1 螺纹孔、1 个 G3/4* 螺纹孔、5 个 M18×1.5 螺纹孔、3 个直径 6mm 孔、6 个直径 10mm 孔和 2 个直径 12mm 孔。

M30×1 螺纹孔：位于中心位置，用于安装 Lipseal 搅拌器。

G3/4* 螺纹孔：用于固定 DO 电极。

M18×1.5 螺纹孔：分别用于固定 pH 电极、尾气冷凝器、安全阀和三通补料管，另外 1 个作为预留孔，备用。

直径 6mm 孔：用于安装三块挡板

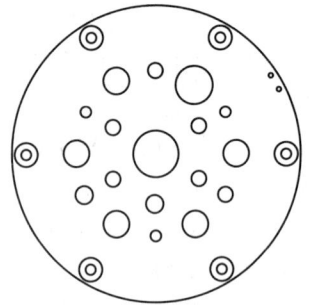

图 9-2 BioBundle 系列 3L 生物反应器罐盖的结构示意图

直径 10mm 孔：其中 4 个分别用于安装深层通气口、表层通气口、液位电极和温度电极夹套，另外 2 个作为预留孔，备用。

直径 12mm 孔：用于安装取样管和进料管。

2. 配件组装

（1）搅拌系统

1）组装搅拌装置，该步骤在罐体组装过程中已经完成。

2）设定转速为 10r/min，Lipseal 搅拌器的马达开始缓慢转动，待转至与搅拌装置嵌合的位置，放下马达。

3）设定转速为 100r/min，确认搅拌桨是否正常运转。

（2）通气系统

1）进气系统：①准备 2 根 10cm 左右长的硅胶管，在每根硅胶管的一端连接空气滤器。②未连接空气滤器的一端，一根连接在罐盖的深层通气管口（深层通气管口与罐内的空气分布器相连通），另一根连接在罐盖的表层通气管口。

2）尾气系统：①准备一个尾气瓶和尾气瓶盖。尾气瓶盖上含有两个端口，一个端口（长）在尾气瓶内部连接一小段硅胶管，长度能伸到瓶底即可，另一个端口（短）在尾气瓶内部未连接硅胶管；②准备 1 根 15～20cm 长的硅胶管，一端连接空气滤器，另一端连接在尾气瓶的端口（短）上；③准备一根 30～50cm 长的硅胶管，一端连接在尾气瓶的端口（长）上，另一端连接在尾气冷凝器的尾气出口处。

（3）温控系统

1）检查电热毯的电源线是否插入至控制器相应的接口。

2）将电热毯包裹在罐壁周围，并固定紧。

3）将温度电极插入至温度电极夹套中，并滴加一定体积的甘油至夹套中，促进传热。

（4）取样系统

1）将取样管通过取样管口，插入到罐中，固定紧，该步骤在罐体组装过程中已经完成。

2）将取样装置连接至取样管；取样装置可以选择简单取样装置或者一次性取样装置。

简单取样装置（图 9-3a）组成包括：取样瓶及其固定装置、空气滤器、一次性注射器，以及连接的两段硅胶管。为了便于赶走管内残留液体的死体积，可以在右边管路中间插入一段末端连接空气滤器的硅胶管。

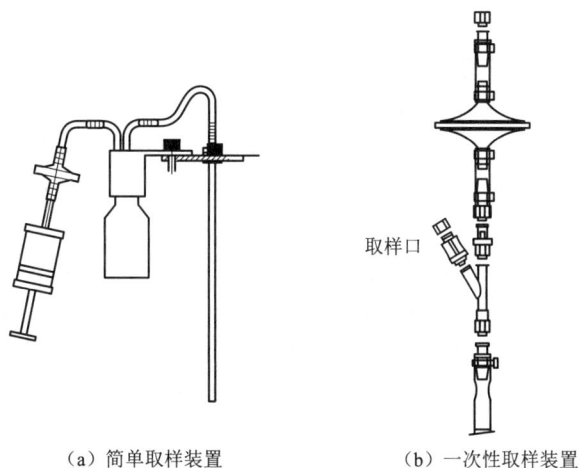

（a）简单取样装置　　　　（b）一次性取样装置

图 9-3　取样装置结构示意图

一次性取样装置（图 9-3b）组成包括：取样口（swabable valve）、空气滤器、一次性注射器，以及连接的硅胶管。取样时，将一次性的无菌注射器插入到取样口中，直接抽取一定量的培养液，无需更换取样瓶。每次培养的时候，在灭菌前需要更换新的取样口。

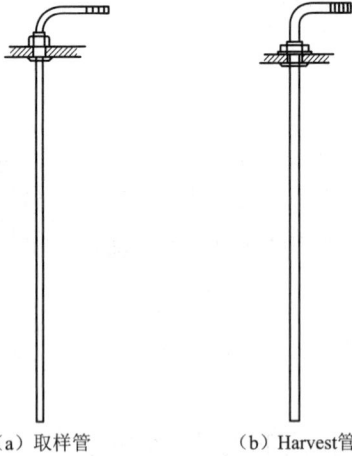

（a）取样管　　　（b）Harvest管

图9-4　取样管和Harvest管结构示意图

3）将Harvest管通过Harvest管口，插入到罐中，固定紧，该步骤在罐体组装过程中已经完成。

4）连接一段硅胶管至Harvest管上，长度以便于后续操作为准，一般在20cm以上。Harvest管的作用是收集罐内的液体，如PBS溶液或者培养液。为了进一步排尽罐内液体，可以在底端再连接一段硅胶管，直至可以直接接触罐底（图9-4）。

（5）补料装置

1）安装单通补料管路，连接相应大小的硅胶管（图9-5a）。

2）安装三通补料管路，连接相应大小的硅胶管（图9-5b）。

3）若采用隔膜穿刺补料管，不用连接硅胶管，补料时通过补料针直接穿刺隔膜，进行补料，该操作染菌风险比较大（图9-5c）。

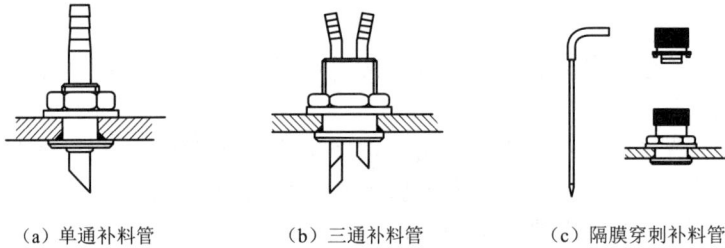

（a）单通补料管　　　（b）三通补料管　　　（c）隔膜穿刺补料管

图9-5　补料管结构示意图

第二步：30L生物反应器的安装

仪器：德国Sartorius公司的BIOSTAT®Cplus系列的30L不锈钢生物反应器（图9-6）。

对于中大型不锈钢生物反应器，如BIOSTAT®Cplus系列的30L不锈钢生物反应器，其罐体上的搅拌系统、通气系统，以及控温系统（采用夹套加热或者冷却）是由厂商安排的专业技术人员正确安装，保证完整的气密性，一般不可随便拆卸，具体的安装过程可以参照BIOSTAT®Cplus的操作指南。对于其余的配件，如电极、补料系统和取样系统是可拆卸的。

1. 电极

（1）pH电极和pH电极电缆连接后，插入到罐体的侧面，手动拧紧，保证密封性良好。

（2）溶氧电极和溶氧电极电缆连接后，插入到罐体的侧面，手动拧紧，保证密封性良好。

2. 补料系统　对于小体积的进料，如碱液、糖、消泡剂等，可以采用管径较小的补料装置1；对于大体积的进料，如种子细胞液、基础培养基、补料培养基可以采用管径

图9-6　BIOSTAT®Cplus系列的30L不锈钢生物反应器

较大的补料装置 2。

（1）补料装置 1

1）安装单通补料装置至罐盖上的补料孔 1（直径 19mm），手动拧紧下层螺纹，固定。

2）安装三通补料装置至罐盖上的补料孔 2（直径 19mm），手动拧紧下层螺纹，固定。

3）需要注意的是，简单补料装置分为上下两层螺纹。其中上层螺纹用于调整补料装置的灭菌模式和培养模式；下层螺纹用于安装补料装置至罐盖，起到固定作用。

（2）补料装置 2

1）安装补料装置 2 至罐盖上的补料孔 3（直径 19mm），手动拧紧，固定。

2）补料装置 2 的左边管道连接蒸汽排污管道，垫好密封圈后，卡箍固定紧。

3）补料装置 2 的右边管道连接进料管道，垫好密封圈后，卡箍固定紧。

4）需要注意的是，补料装置 2 的灰色旋钮顺时针拧紧时，代表"灭菌模式"，逆时针拧松时，代表"培养模式"。

3. 取样系统

（1）底阀取样装置（图 9-7）：底阀取样装置中的蒸汽管路⑤、底阀②和底阀出口③在出厂前均已固定安装好，在④处可以安装蒸汽滤筒，用于底阀管路的灭菌，也可以安装合适的取样容器，用于底阀取样。取样时，首先关闭蒸汽管路⑤，向外旋转（2b→2a）打开底阀②，罐内液体即可从罐底流出。底阀取样所取的样品直接来自于罐底，对于动物细胞培养来说，由于其细胞本身体积大，易造成细胞沉淀，不具有代表性。

（2）侧面取样装置（图 9-8）

1）将侧面取样装置主体安装于罐的侧面。

2）连接蒸汽管道（蒸汽阀门 HV-106）至取样阀门 1 处。

3）连接蒸汽排污管道 7，蒸汽冷凝水可以连接至容器 8 中直接收集。

4）连接取样器 3 至取样阀门 4 处。

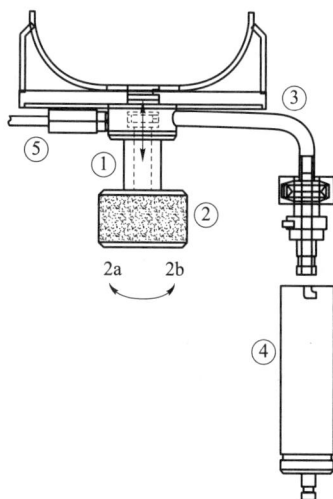

图 9-7　底阀结构示意图　　　　　图 9-8　侧面取样结构示意图

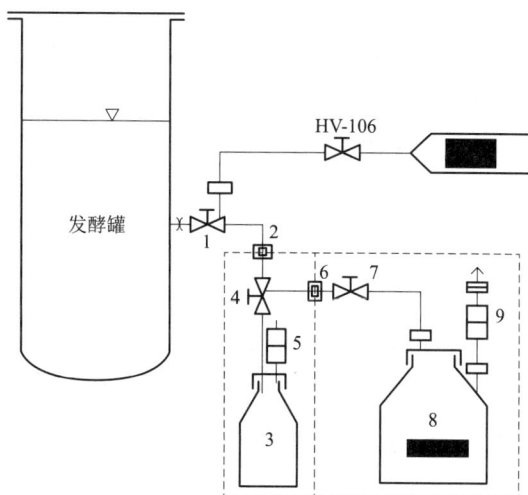

第三步：清场工作

（1）电极不使用时需要及时卸下保存，清洗干净后，pH 电极放置在饱和的 KCl 溶液中，DO 电极放置在干燥的空气中。对于 30L 生物反应器，电极卸下后，罐壁缺口还需用相应大小的密封堵头拧紧。

（2）生物反应器组装结束后，若不使用，将搅拌、通气、pH、温度控制逐个关闭，再关闭电源。

（3）将生物反应器周围杂物收拾干净，并用 75%酒精喷洒擦拭，保持罐体的洁净。

（4）仔细打扫生物反应器培养间，清除地面积水。

（5）检查房间自来水总阀门和空气总阀门是否关闭。

四、项目预案

如何快速有效地完成 3L 生物反应器的组装？

对于生物反应器，其结构主要包括罐体和配件两部分，其中配件又可以分为搅拌系统、通气系统、温控系统、取样系统和补料系统。

（1）搅拌系统：位于罐体的中心位置，包括马达和搅拌装置两部分，插入罐内的搅拌轴上安装型号合适的搅拌桨桨叶。

（2）通气系统：包括进气系统和尾气系统两部分。进气系统又分为深层通气和表层通气两部分，深层通气管路连通至罐底的空气分布器，空气分布器通常安装在最下层搅拌器的正下方，便于将气泡快速打碎；表层通气管路直接通入罐内上空。尾气系统包括冷凝器和尾气瓶，尾气经冷凝器处理后，再由尾气瓶排除，保证罐内压力平衡。

（3）温控系统：对于 3L 体积的小型生物反应器可以采用夹套或者加热毯控温。当采用夹套控温时，须连接冷却水进出管路至夹套中，采用下进上出。不同于 pH 电极和溶氧电极，温度电极不与罐内直接接触，通常采用温度夹套间接测温。

（4）取样系统：取样管路需要伸入罐底，所取的样品才具有代表性，取样装置可以选择简单取样装置和一次性取样装置。Harvest 管路也需伸入罐体，用于收集罐内的液体，如 PBS 溶液或者培养液。

（5）补料系统：有单通补料管路和三通补料管路两种模式，管路直接通入罐内上空，不伸入罐的中部或者底部。

五、项目实施

（1）对班级学生进行分组，每二人一组。每次课前找一组学生参与项目前准备工作，对其下发该次项目任务报告书，简单讲解项目内容，教师与这二位学生讨论项目任务、流程及项目预期效果，最后根据讨论的内容进行项目前准备。

（2）在项目实施过程中，由这一组学生配合教师共同完成项目指导工作，并在项目结束后组织本班学生完成清场工作，每组轮流参与项目前准备工作和清场工作。

六、项目评价

项目评价详见表 9-1~表 9-4。

表 9-1 项目评价表（满分 100 分）

评 价 内 容			
学生互评（70 分）			教师评价（30 分）
完成过程（30 分）	完成质量（30 分）	团队合作（10 分）	项目报告评价（30 分）

表 9-2 项目评价标准——学生用表

			生物反应器的组装——过程评价		
任 务	评价内容	分值	考 核 标 准	得 分	
生物反应器的组装的掌握（30 分）	动物细胞生物反应器	2 分	认识不同规模的生物反应器，包括玻璃罐体、不锈钢罐体和一次性生物反应器（2 分）		
	3L 生物反应器	12 分	可以区分罐盖不同孔径端孔的作用（2 分）		
			正确组装 3L 生物反应器的搅拌系统、通气系统、温控系统、取样系统、补料系统（12 分）		
	30L 生物反应器	8 分	正确组装 30L 生物反应器的取样系统、补料系统（8 分）		
	清场工作	8 分	能按要求整理和维护各个仪器（4 分）		
			关闭电源、自来水和蒸汽阀门（4 分）		
完成质量（30 分）	公共设施	5 分	在生物反应器实验中能按照规章制度操作，并作好个人安全防护（5 分）		
	3L 生物反应器	10 分	能准确组装 3L 生物反应器（10 分）		
	30L 生物反应器	10 分	能准确组装 30L 生物反应器（10 分）		
	清场工作	5 分	能按要求整理和维护各个仪器，关闭电源、自来水和蒸汽阀门（5 分）		
团队合作（10 分）	合作态度	5 分	积极参与项目的分工、讨论（5 分）		
	合作效率	5 分	积极帮助小组成员有效完成任务，分析/解决问题（5 分）		
合　　计					

表 9-3 项目评价标准——教师用表

			动物细胞培养实验室安全防护教育项目评价标准		
	评价内容	分值	考 核 标 准	得 分	
项目报告书（30 分）	对动物细胞生物反应器各个部件的认识	5 分	清楚了解动物细胞生物反应器必备的部件（5 分）		
	3L 生物反应器组装流程的掌握	10 分	清楚了解 3L 生物反应器的基本构造，以及各个部件的作用，准确完成组装（10 分）		
	30L 生物反应器组装流程的掌握	10 分	清楚了解 30L 生物反应器的基本构造，以及各个部件的作用，准确完成组装（10 分）		
	清场工作	5 分	对本次项目的完成，有哪些体会可与小组同学分享或有哪些教训需进行总结（5 分）		
合　　计					

表9-4 项目评价考核成绩表

组别	姓名	组间互评（学生）			班级评价（教师）	总分值
		项目过程（30分）	完成质量（30分）	团队合作（10分）	项目报告（30分）	
第一组						
第二组						
第三组						
第四组						
第五组						
第六组						

七、项目作业——撰写项目报告书

（1）常见的动物细胞生物反应器类型有哪些？各有什么优缺点？

（2）绘制3L动物细胞生物反应器的简单结构示意图，并标识各个部件的作用。

（3）了解3L动物细胞生物反应器各个部件的安装流程，30L动物细胞生物反应器主要配件的安装流程，了解二者在结构上有哪些异同点？

（4）生物反应器在安装过程中需要注意哪些问题？

（5）对本次项目的完成，有哪些体会可与小组同学分享？

项目十　生物反应器的电极校正

一、项目要求

本次教学任务为掌握生物反应器温度电极、pH 电极和溶氧电极的校正方法。

1. 时间要求　4 学时。

2. 质量要求　清楚生物反应器温度电极、pH 电极和溶氧电极的构造、功能和测定原理；能根据操作流程独立完成电极的组装，并完成对温度电极、pH 电极和溶氧电极的校正。

3. 安全要求　能遵守操作规程，保证自身和环境安全。

4. 文明要求　自觉按照文明生产规则进行项目作业，保持个人整洁与卫生，防止人为污染样品。

5. 环保要求　努力按照环境保护要求进行项目作业，按要求进行灭菌操作，并及时清理。

6. GMP 要求　按照项目 SOP 进行操作。

二、项目分析

（一）动物细胞培养过程的参数检测

动物细胞在体外培养时，需要合适的环境和必要的条件才能生长。首先需要提供其生存的营养条件，包括一些基本营养物质和促生长因子。同时也会受到环境中各种理化因素的影响，如 pH、温度、溶氧、渗透压和毒害物质等。由于细胞本身的代谢特征和生物反应器水平上的操作调控，培养过程状态时刻处于变化过程中，因此需要对过程中的相关参数进行监测和控制。

目前生物工业过程控制方面，可以通过采用各种传感器以及一些检测手段，收集并输出一系列的电信号数据，由放大器进行放大、记录或送至计算机储存，数据通过计算机控制系统进行处理和反馈。能够用于生化反应过程参数监测的传感器应具有良好的可靠性、准确性、精确性、分辨率、灵敏度、特异性和较短的响应时间，还应该满足能够进行高温灭菌、结构严密、无泄漏，不易堆积、能抵抗细胞对其性能的影响等要求。

生化反应过程需要检测和控制的生化反应状态参数分为：物理参数、化学参数和生物参数。第一类物理参数中：温度可以采用玻璃温度计、热电偶、热敏电阻和热电阻温度计检测；压力通常采用隔膜压力表测定；液位和泡沫可以通过电子称称重或者液位电极表征；气体流量可以由气体流量计或者质量流量计监测和调节；在第二类化学参数中：pH 值可以通过 pH 电极在线测定，溶解氧可以通过 DO 电极在线测定；其余的化学参数和生物参数，如基质葡萄糖、产物乳酸和氨、活细胞密度、细胞直径等，则需要通过取样操作，离线测定。

（二）pH

pH 表示溶液中 H^+ 的活度，即所含 H^+ 浓度的常用对数的负值。定义如下：

$$pH = -\lg[H^+]$$

pH 的范围是 0～14，酸性溶液 pH＜7，碱性溶液 pH 大于 7，pH=7 相当于纯水。

在培养过程中，pH 即是细胞代谢的综合反映，也会影响代谢的进行，是培养过程中需要检测和控制的重要参数。在培养过程中 pH 不断发生变化，通过 pH 的变化规律也可以了解培养过程的正常与否：在培养早期，动物细胞代谢旺盛，消耗大量的葡萄糖，产生有机酸等酸性物质，使 pH 值下降；在培养中后期，动物细胞生长趋于缓慢，葡萄糖消耗速率减慢，此时细胞部分裂解，并积累 NH_3 等代谢副产物，使 pH 值上升；同时含氮物质如蛋白质的代谢，生理酸性物质、生理碱性物质代谢，都会引起 pH 的改变。

相比较于微生物，动物细胞耐受的 pH 范围较窄，一般在培养过程中控制在 6.8～7.2 较为适宜。pH 的对细胞培养的影响表现在以下方面：

（1）pH 影响酶的活性。

（2）pH 影响细胞膜所带的电荷改变，从而改变细胞膜的通透性，影响细胞对营养物质的吸收和代谢物的排泄。

（3）pH 影响培养基中某些营养成分或者中间代谢物的解离。

（4）pH 影响细胞代谢的方向。

（5）pH 影响产物蛋白的活性和质量。

（三）溶解氧

溶氧（DO）是溶解氧（dissolved oxygen）的简称，表征溶液中氧浓度的参数。在溶液中溶氧的含量会受到空气中的氧分压、溶液的温度，以及盐度等环境因素的影响。

（1）DO 是基于温度的函数，温度越高，氧气在液体中的溶解度越低。

例如：0℃，1015mbar，水中氧气的溶解度：DO=14.66mg/L

25℃，1015mbar，水中氧气的溶解度：DO=8.28mg/L

（2）DO 是基于盐度的函数，盐度越高，氧气在液体中的溶解度越低。

例如：在 25℃，1015mbar 下，盐度 5g/kg，水中氧气的溶解度：DO=7.80mg/L

在 25℃，1015mbar 下，盐度 20g/kg，水中氧气的溶解度：DO=7.11mg/L

目前有 3 种表示溶氧浓度的单位：①氧分压/氧压力（dissolved oxygen tension，DOT），以大气压或毫米汞柱表示；②绝对浓度，以 $mg\,O_2/L$ 纯水或 ppm 表示，可用 Winkler 化学法测定，但电极法不行，除非是纯水；③空气饱和度百分数，以百分比表示，以在一定温度、罐压和通气搅拌条件下，被 100%空气饱和为基准。

溶氧是细胞生长所必需的，由于氧气在水中的溶解度极低，在 25℃下氧气在溶液中 100%的空气饱和浓度只有 8mg/L（ppm）左右，因此溶氧往往是培养过程中的重要限制因素。判断溶氧是否为限制因素，单凭通气量的大小时难以确定的，因为溶氧的高低不仅取决于通气、供氧、搅拌条件等，还取决于细胞的耗氧情况。故判断溶氧是否足够，最简单有效的方法就是实时就地监测培养中溶氧浓度。

三、项目实施的路径与步骤

（一）项目路径

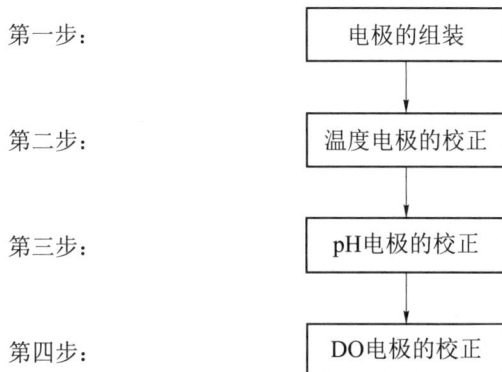

第一步：　电极的组装

第二步：　温度电极的校正

第三步：　pH电极的校正

第四步：　DO电极的校正

（二）项目步骤

第一步：电极的连接

仪器：荷兰 Applikon BioBundle 系列 3L 单壁罐体玻璃生物反应器，采用 ez-Control 控制系统。

（1）确定温度电极、pH 电极、DO 电极的电缆插头均已连接至控制器上相应的插口。

（2）将温度电极、pH 电极、DO 电极分别连接对应的电缆，再安装到生物反应器上。

（3）温度电极不直接接触培养基，须直接插入温度电极槽中，并可加入一定体积的甘油，增加传热效果。

第二步：温度电极的校正

仪器：Pt-100 型号温度电极。

试剂：冰水混合物（温度为 0℃）。

方法：一点校正

（1）将 Pt-100 温度电极插入温度已知的溶液中（冰水混合液）。

（2）确定温度控制处于关闭状态。

（3）点击"Temperature"模块按钮，选择"Calibrate Temperature"进入温度校正界面，点击"1-point calibration"按钮，开始进行温度校正。

（4）待温度数值稳定后，输入温度校正值"0"，点击"Enter"确定。

（5）界面自动回到上一级温度校正页面，显示新的校正值 offset，以此判断温度电极性能是否正常。也可点击"Reset calibration vaue"修改校正后的 offset 值。

理论链接1

温度电极分类和工作原理

培养温度测定的方法有多种，包括玻璃温度计、热电偶温度计、热敏电阻温度计、热电阻温度计。

1.1　玻璃温度计

主要包括酒精和水银温度计两大类，可直接指示罐内反应器温度，但必须要求能耐受灭菌时的蒸汽压力。

1.2　热电偶温度计

感温元件是由两种不同材料的导体焊接成的，较为廉价，但分辨率低，需要冷接点。

1.3　热敏电阻温度计

采用的是一种电阻随温度改变发生显著变化的半导体材料制成，灵敏度高，对温度变化更灵敏，缺点是对温度的变化具有高度的非线性响应，测温范围在$-50℃\sim300℃$。

1.4　热电阻温度计

所采用的材料为金属热电阻，如铂、铜和镍等，与半导体热敏电阻一样，其电阻也是随温度变化而变化，因此只需要测量出感温热电阻的电阻值变化，就可测量出温度，其优点是测量准确，稳定性好，性能可靠，在正常温度范围内给出线性输出信号，一般适用于$-200\sim500℃$范围内的温度测量。目前应用最广泛的热电阻材料是铂和铜：铂电阻精度高，适用于中性和氧化性介质，稳定性好，具有一定的非线性，温度越高电阻变化率越小；铜电阻在测温范围内电阻值和温度呈线性关系，温度线数大，适用于无腐蚀介质，超过150℃易被氧化。常用的铂电阻有R_0=10W、R_0=100W和R_0=1000W（在0℃温度下时的电阻值）等几种，它们的分度号分别为Pt10、Pt100、Pt1000；铜电阻有R_0=50W和R_0=100W两种，它们的分度号为Cu50和Cu100。其中Pt100和Cu50的应用最为广泛。

实践链接1

Pt100温度电极使用注意事项

1.1　铂电阻温度计通常用作生物反应器内培养温度的标准温度计。为避免染菌，温度计需装入不锈钢夹套中再放入反应器中，采用O型环密封系统实现无菌操作。夹套中填有导热的液体，如甘油、硅油等，保证温度计的充分接触和快速响应。

1.2　Pt100型号温度电极信号稳定，寿命长，其温度值和阻抗信号具有良好的相关性。采用一点校正即可，一般只需在出厂前校正一次即可。如选择冰水混合物的温度为0℃，或者选择沸腾的水的温度为100℃。

第三步：pH电极校正

仪器：pH电极。

试剂：pH标准缓冲液1（pH=7.00）和pH标准缓冲液2（pH=4.01）。

方法：两点校正

（1）准备pH标准缓冲液1（pH=7.00）和pH标准缓冲液2（pH=4.01）。

（2）将pH电极、温度电极用去离子水冲洗，接着用无尘纸分别擦干，再同时插入标准缓冲液1（pH=7.00）中。

（3）开启ez-Contro控制器，进入控制主界面，确定pH控制处于关闭状态。

（4）点击"pH"模块按钮，选择"Calibrate pH"进入pH校正界面，点击"2-point calibration"按钮。

（5）在随后出现的温度数值页面，直接点击"Enter"确定，开始进行pH校正。

（6）待 pH 数值稳定后，输入标准缓冲液 1 的 pH 值"7.00"，点击"Enter"确定，完成 pH 电极第 1 个点的校正。

（7）将温度电极、pH 电极从标准缓冲液 1 取出，用去离子水冲洗、无尘纸擦干后，再同时插入标准缓冲液 2（pH=4.01）中。

（8）待 pH 数值稳定后，输入标准缓冲液 2 的 pH 值"4.01"，点击"Enter"确定，完成 pH 电极第 2 个点的校正。

（9）此时界面自动回到上一级 pH 校正页面，显示新的校正值 slope 和 offset，以此判断 pH 电极性能是否正常。

理论链接2

pH 电极工作原理

pH 电极通常采用组合式 pH 探头，结构主要包括两部分，即玻璃电极和参比电极，其结构如图 10-1 所示。

工作原理：根据测量电极与参比电极组成的工作电池在溶液中测得的电位差，利用待测溶液的 pH 值与工作电池的电势大小之间的线性关系，再通过电位计转换为 mV 或 pH 单位数值来实现测定。其中测量电极即玻璃电极，对溶液 pH 变化敏感，参比电极具有恒定的电位。

2.1 玻璃电极

玻璃电极结构：玻璃膜、缓冲溶液、玻璃电极引线。

由于玻璃电极具有恒定的 pH 值缓冲溶液，因此玻璃膜的内表面的电势在测定期间为常数，因此玻璃膜上总的电势是膜内外电场的差值。

2.2 参比电极：

参比电极结构：如图 10-2 所示。

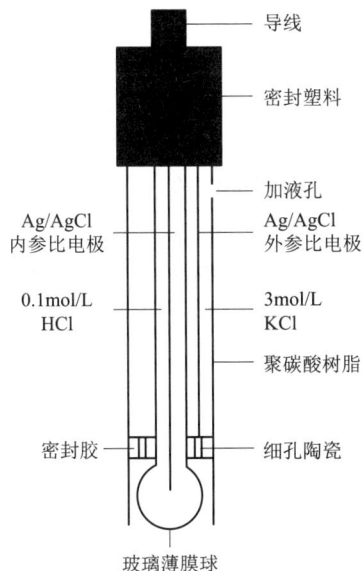

图 10-1 pH 电极结构示意图

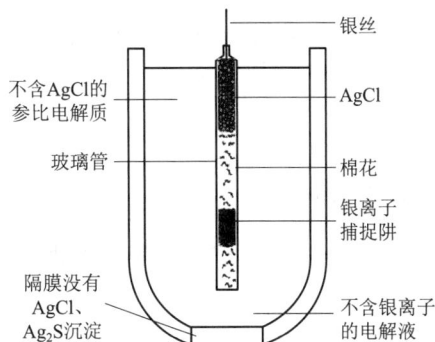

图 10-2 参比电极

工作原理：电极外壳为玻璃管，里面套一根小玻璃管，其顶部伸出电极引线，引线下端浸没在汞中，汞和甘汞用棉花堵住，只有离子才能通过，而汞和甘汞不会漏失，小管和大管之间充满 KCl 溶液，末端用多孔陶瓷渗入到溶液中，实现引线与溶液的电导通。参比电极包括一个参考元件，它沉浸在一定的电解液中，该电解质液与待测溶液相接触，这种接触是通过一多孔陶瓷膜来连接，常用的参考元件是银/氯化银。参极电极的电势是由参考电解质和参考元件决定的。

💊 **实践链接2**

pH 电极使用注意事项

2.1　pH 电极在使用前，应检查其外观是否良好无损坏、干净整洁无污染，观察玻璃敏感膜球泡内是否充满液体（蓝色）。

2.2　在每次使用前应进行校正，两种标准液的 pH 差值应大于2。

2.3　采用吸水纸吸掉 pH 电极底端敏感膜上水滴，勿用纸巾擦拭，易产生静电干扰。

2.4　pH 电极使用完毕，经用纯水冲洗干净后，存放于饱和的氯化钾溶液中；若保存于水溶液中，会对 pH 电极的整体寿命产生影响；若长时间存放于空气中，不会损坏电极，但会造成电极测量时漂移。

第四步：溶氧电极校正

仪器：DO 电极。

方法：一点校正

（1）将"温度"设定为"自动"控制模式，设定温度值为培养初始控制温度，如37℃。

（2）将"搅拌"设定为"自动"控制模式，设定搅拌转速为培养初始转速，如100r/min。

（3）设定空气流量为培养初始流量，如 100ml/min。

（4）连接溶氧电极，极化处理6小时以上。

（5）待温度稳定在控制值37℃后，继续通入空气30分钟，直至饱和。

（6）点击"DO"模块按钮，选择"Calibrate　DO"进入 DO 校正界面，选择"Set measurement range"为"Air"，温度补偿选择"off"。点击"Calibration"进行校正，随后选择"Set calibration value"按钮，在随后出现的 DO 数值界面中输入100，完成溶氧电极的校正。

（7）此时界面自动回到上一级 DO 校正页面，显示新的校正值 offset，以此判断溶氧电极性能是否正常。

💊 **理论链接3**

溶氧电极测定原理和构造

3.1　测定原理

溶氧电极是基于极谱原理，测定溶解在液体中的氧含量的电流型电极。首先氧气通过透气性的膜渗入（液体中氧分压越高，氧气渗入也越多），氧气溶解在电解液中；氧分子在阴极中还原，氧化还原产生电流，通过变送器测量该电流信号并转化为%浓度（mg/L 或 ppm）。

通过溶氧变送器，在阴极和阳极之间加上极化电压，发生以下电化学反应（图 10-3）：

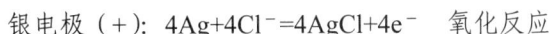

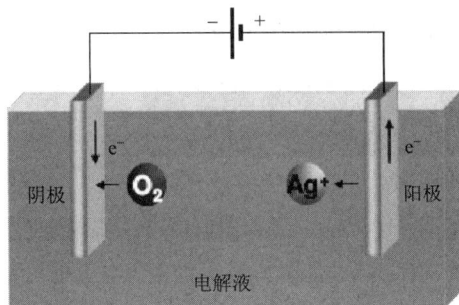

银电极（+）：$4Ag+4Cl^-=4AgCl+4e^-$　氧化反应

铂电极（-）：$O_2+2H_2O+4e^-=4OH^-$　还原反应

总反应：$O_2+2H_2O+4Ag+4Cl^-=4AgCl+4OH^-$

图 10-3　DO 电极上发生的电化学反应

极化作用：极化是通过变送器在溶氧探头的阴极和阳极之间加固定数值的电压，探头与已经通电的变送器或者极化器（安装在生物反应器控制器中）相连接，即可开始极化，从而使电化学反应能够平衡地进行。

3.2　DO 电极构造（图 10-4）

图 10-4　DO 电极的构造

DO 电极的构造主要包括：电缆接头（VP 或 T-82）、电极轴体、O 型圈、内电极、溶氧膜、保护套等结构域，其中主要部件内电极和溶氧膜的结构示意图如图 10-5、图 10-6 所示：

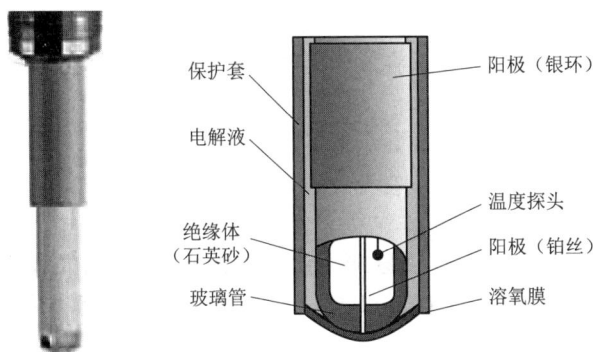

图 10-5　内电极的结构示意图

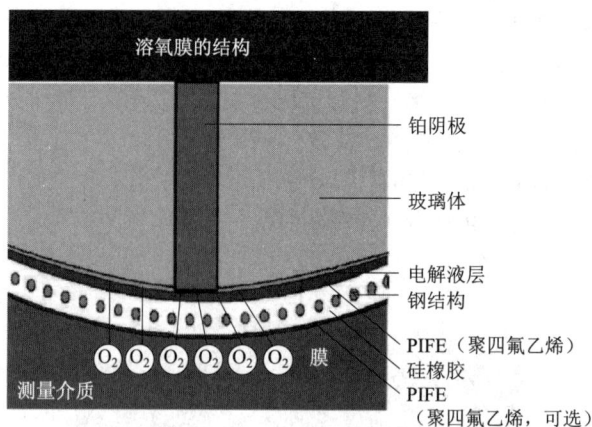

图 10-6　溶氧膜的结构示意图

实践链接3

溶氧电极使用注意事项

3.1　DO电极若长时间处于非极化状态，如更换电解液、更换膜、与变送器或极化器断开时，需要进行极化处理，一般6个小时即可。

3.2　DO电极在使用前需要进行校准，采用一点校正法或者两点校正法。

3.2.1　一点校正：常用的校准方法，在空气或者饱和介质中进行校准，建议每次培养过程校准一次。

3.2.2　点校正：在一点校正基本上，采用高纯氮气校准零点，正常情况下在100%氮气饱和的液体中DO值应该小于5%，若高于5%，说明DO电极需要维护或更换，一般不需要进行两点校准。

3.3　溶氧电极的参数

3.3.1　斜率：在空气中的电流信号，一般在-30～-110nA之间。

3.3.2　零点：在无氧环境中产生的电流信号，可在高纯氮气（纯度>99.995%）中定义，由于DO传感器的零电流很小，一般情况下不需要进行双点校准。

3.4　DO电极的常规维护

3.4.1　DO电极不使用时，一般存放于干燥的空气中。

3.4.2　更换电解液

3.4.2.1　电极长时间没有使用（数个月）。

3.4.2.2　长时间使用后的老化，空气中的电流（斜率）异常。

（1）将DO电极和电缆线断开，电极垂直向下，小心逆时针拧开前端的溶氧膜。

（2）将膜内残留电解液倒去，用去离子水冲洗膜体内部，用吸水纸吸干。

（3）缓慢导入一定量电解液（1.5ml左右）至膜体内，确认膜体内部没有气泡，如果有气泡，轻弹膜体下部，赶出气泡。

（4）保持DO电极垂直向下，将添加有新电解液的膜体缓慢的移至DO电极上。注意更换电解液后使用前一定要充分极化电极。

3.4.3　更换溶氧膜。

3.4.3.1　响应时间很长，甚至无法校准。

3.4.3.2　长时间使用后的老化，空气中的电流（斜率）异常。

3.4.3.3　膜阻抗异常。

（1）先将电极和电缆断开，旋下前段的溶氧膜。

（2）将溶氧膜内的电解液倒在废液缸中，将溶氧膜保护套倒放在工作台上。

（3）用一个旧的膜片抵住溶氧膜的保护圈，轻轻用力将膜从保护套中压下。

（4）安装新的溶氧膜，添加电解液，套上保护套。

3.4.4　更换内电极

3.4.4.1　响应时间很长，甚至无法校准。

3.4.4.2　长时间使用后的老化，空气中的电流（斜率）异常。

内电极使用一段时间会有褐色产物，可用 1000 目砂纸打磨 3～5 下，然后用去离子水清洗，注意不能用含有乙醇的清洗剂清洗，否则将损坏电极。确认内电极故障后才进行更换，更换操作通常是由受过培训的人员完成。

四、项目预案

pH 电极、DO 电极的保养和维护方法：

DO 电极可以采用一点校正法和二点法进行校正。在小规模的生物反应器中，由于是离体灭菌，一般采用一点校正满度 100%即可，若有必要也可以通入 100%的 N_2 气体或者插入至饱和的亚硫酸钠溶液中校正零点。在较大规模生物反应器，如 30L 反应器，由于采用的在线蒸汽高压灭菌，其常用的是二点校正法，即在灭菌温度达到 121℃，此时罐内已无空气时，校正零点，灭菌结束后，待温度、转速和空气达到初始培养设定值后，校正满度 100%。

五、项目实施

（1）对班级学生进行分组，每二人一组。每次课前找一组学生参与项目前准备工作，对其下发该次项目任务报告书，简单讲解项目内容，教师与这二位学生讨论项目任务、流程及项目预期效果，最后根据讨论的内容进行项目前准备。

（2）在项目实施过程中，由这一组学生配合教师共同完成项目指导工作，并在项目结束后组织本班学生完成清场工作，每组轮流参与项目前准备工作和清场工作。

六、项目评价

项目评价详见表 10-1～表 10-4。

表 10-1　项目评价表（满分 100 分）

评　价　内　容			
学生互评（70 分）			教师评价（30 分）
完成过程（30 分）	完成质量（30 分）	团队合作（10 分）	项目报告评价（30 分）

表 10-2 项目评价标准——学生用表

生物反应器的电极校正——过程评价

任 务	评价内容	分值	考 核 标 准	得 分
生物反应器的电极校正的掌握（30分）	电极	2分	可以认识生物反应器上常用的电极：温度电极、pH电极、溶氧电极（2分）	
	温度电极	8分	清楚温度电极的构造、功能和测定原理，并能独立完成温度电极的校正（8分）	
	pH电极	8分	清楚pH电极的构造、功能和测定原理，并能独立完成pH电极的校正（8分）	
	溶氧电极	8分	清楚溶氧电极的构造、功能和测定原理，并能独立完成溶氧电极的校正（8分）	
	清场工作	4分	能按要求保养和维护各个电极（2分）	
			实验室结束后，保持桌面整洁（2分）	
完成质量（30分）	温度电极	6分	能独立完成温度电极的校正（6分）	
	pH电极	10分	能独立完成pH电极的校正（10分）	
	溶氧电极	10分	能独立完成溶氧电极的校正（10分）	
	清场工作	4分	使用后，正确处理温度电极、pH电极、溶氧电极（4分）	
团队合作（10分）	合作态度	5分	积极参与项目的分工、讨论（5分）	
	合作效率	5分	积极帮助小组成员有效完成任务，分析/解决问题（5分）	
合 计				

表 10-3 项目评价标准——教师用表

动物细胞培养实验室安全防护教育项目评价标准

	评价内容	分值	考 核 标 准	得 分
项目报告书（30分）	温度电极校正的掌握	6分	清楚温度电极的构造、功能和测定原理，并能独立完成温度电极的校正（6分）	
	pH电极校正的掌握	10分	清楚pH电极的构造、功能和测定原理，并能独立完成pH电极的校正（10分）	
	溶氧电极校正的掌握	10分	清楚溶氧电极的构造、功能和测定原理，并能独立完成溶氧电极的校正（10分）	
	清场工作	4分	对本次项目的完成，有哪些体会可与小组同学分享或有哪些教训需进行总结（4分）	
合 计				

表 10-4 项目评价考核成绩表

组别	姓名	组间互评（学生）			班级评价（教师）	总分值
		项目过程（30分）	完成质量（30分）	团队合作（10分）	项目报告（30分）	
第一组						

组别	姓名	组间互评（学生）			班级评价（教师）	
		项目过程（30分）	完成质量（30分）	团队合作（10分）	项目报告（30分）	总分值
第二组						
第三组						
第四组						
第五组						
第六组						

七、项目作业——撰写项目报告书

（1）常见的生物反应器电极有哪些？各有什么作用？

（2）温度测定方法有哪些？温度电极如何校正？

（3）简述 pH 电极的构造、测定原理和校正过程，以及使用过程中应该注意哪些事项。

（4）简述溶氧电极的构造、测定原理和校正过程，以及使用过程中应该注意哪些事项。

（5）对本次项目的完成，有哪些体会可与小组同学分享？

项目十一　生物反应器的灭菌

一、项目要求

本次教学任务即按照 SOP 操作流程对生物反应器进行灭菌。

1. 时间要求　4 学时。

2. 质量要求　能根据操作流程完成对 3L 生物反应器和 30L 生物反应器的灭菌。

3. 安全要求　能遵守操作规程，保证自身和环境安全。

4. 文明要求　自觉按照文明生产规则进行项目作业，保持个人整洁与卫生，防止人为污染样品。

5. 环保要求　努力按照环境保护要求进行项目作业，按要求进行灭菌操作，并及时清理。

6. GMP 要求　按照项目 SOP 进行作业。

二、项目分析

无菌的培养环境是保证动物细胞在体外培养成功的首要条件。由于动物细胞本身缺乏对微生物的防御能力，而培养系统中的培养液中通常含有比较丰富的营养物质，因此很容易受到被微生物的污染，进而导致培养过程作废。因此必须对培养的场所、实验器皿、培养基、培养设备以及通入罐内的空气进行灭菌处理。

生物反应器的灭菌：对于微生物培养用生物反应器的灭菌，由于其培养基通常可以耐受高压蒸汽灭菌，因此在灭菌前，可以将配制好的培养基导入至罐内，通入饱和蒸汽直接加热，以达到预定灭菌温度并保持一段时间，然后再冷却到培养温度，该灭菌过程称为培养基实罐灭菌（工厂里称为实消）。

培养基实罐灭菌过程中需要注意两点：①在冷却阶段，罐内大量的蒸汽会冷凝，灭菌结束后的培养基体积会大于初始的体积，因此在培养基配制过程中需要考虑体积的变化。②培养基实罐灭菌过程中，糖类物质容易破坏且易和有机氮源相结合，产生氨基糖，对微生物会产生一定的毒性，因此微生物培养基中的葡萄糖通常需要单独灭菌，再混合使用。

对于动物细胞培养用生物反应器的灭菌，由于培养基中含有许多热敏性营养物质，只能采用过滤除菌，因此通常是在生物反应器灭菌结束后，将已经过滤除菌培养基通过无菌操作的方式倒入到反应器中。动物细胞培养用生物反应器本身的灭菌和微生物培养用生物反应器的灭菌方法一致。随着技术的发展，目前在动物细胞培养系统中已经引入了一次性生物反应器，一次性生物反应器在出厂前已经经过完全的灭菌处理，因此可以直接使用。

三、项目实施的路径与步骤

（一）项目路径

第一步：　3L生物反应器的灭菌

第二步：　30L生物反应器的灭菌

第三步：　清场工作

（二）项目步骤

第一步：3L 生物反应器的清洗

仪器：荷兰 Applikon 公司 的 BioBundle 系列 3L 单壁罐体（加热毯控温）玻璃生物反应器，采用 ez-Control 控制系统。

Applikon BioBundle 系列的 1～20L 玻璃罐生物反应器（包括夹套罐体和单壁罐体）灭菌流程：生物反应器罐体及附带的配件可以作为一个整体，同时放入合适大小的蒸汽灭菌锅中进行离位灭菌（表 11−1）。

表 11−1　**Applikon BioBundle 系列的 1～20L 玻璃罐生物反应器的尺寸大小**

	1L	2L	3L	5L	7L	15L	20L
需要灭菌体积（H×D）	460mm×200mm	460mm×240mm	460mm×240mm	510mm×260mm	650mm×360mm	760mm×480mm	900mm×400mm
总体积	1.25L	2.2L	3.1L	4.8L	6.8L	18.2L	23L
工作体积	0.9L	1.7L	2.4L	3.4L	5.4L	12L	16L
最小工作体积	0.3L	0.3L	0.6L	0.9L	1.5L	3.0L	3.0L

H 代表高度，D 代表直径。

1. 灭菌前准备

（1）注入液体：在灭菌过程中，罐内至少需要装有一定体积的液体，一是可以受热蒸发，促进传热效果，二是可以在灭菌过程中对电极起到一定的保护作用。

对于耐热培养基，可以导入至生物反应器中直接灭菌，但注意不能超过其最大工作体积（2.4L），同时要将灭菌后接种和补料体积考虑进去。

对于动物细胞培养基，由于含有热敏营养成分，不能直接湿热灭菌，可以用 PBS 溶液替换，液体体积（600ml 左右）没过电极末端即可。

（2）安装罐盖，六个螺母对称拧紧。

（3）安装电极：灭菌前，若 pH 电极尚未校正，按照 pH 电极校正方法进行校正。

校正后，取下 pH 电极和 DO 电极的信号电缆，将电极插入至罐内顺时针拧紧，安装保护套。温度电极取出，暂放置于控制器旁边。

（4）其他组件安装

1）安装进气管路、尾气管路、补料系统和取样系统至对应位置。

2）在进气管路和尾气管路的软管末端，连接空气滤器。其中进气管路空气滤器和罐盖连接的软管用止血钳夹紧，避免在灭菌过程中空气滤器被倒流的蒸汽堵塞。

3）补料系统、取样系统等所有可能与外界空气相通的管路末端，连接合适大小的空气滤器，并用锡箔纸包住。其中取样系统和 Harvest 管路与罐盖连接的软管用止血钳夹紧，避免液体倒流。

4）注意尾气管路滤器不能完全堵死，保证灭菌过程罐内和罐外压力平衡。

2. 灭菌

（1）取下电热毯，放置于控制器旁边。若采用夹套加热，灭菌时夹套内应保留部分水。

（2）取下电机，放置于控制器旁边。

（3）灭菌前，再次安装上述流程检测一遍，确定无误后，将整个罐体放入蒸汽灭菌锅中，121℃下，灭菌 30 分钟。

3. 灭菌后处理

（1）待蒸汽灭菌锅温度降至 50℃ 以下后，戴上防护手套，小心取出整个罐体。仔细观察检查是否有异常，若出现空气滤器脱落或者堵塞、止血钳脱落、管路液体倒流等情况，需重新连接或者更换新配件后，重新灭菌。

（2）检查无误后，转移至控制器旁。

（3）首先连接进气管路，设定空气流量 50ml/min，通入一定量的气体，维持罐内一定的正压。

（4）安装电极组装操作规程，正确安装电机，设定转速 100r/min，开启搅拌。

（5）安装温度电极，并在温度电极槽中加入少量的甘油溶液，促进传热。同时将加热毯包裹在罐壁周围，设定温度控制值为 37℃，开始控温。

（6）过 12 小时后，确定培养基未染菌后，表示灭菌成功，可以进行培养。

第二步：30L 生物反应器的清洗

仪器：德国 Sartorius 公司 的 BIOSTAT®Cplus 系列的 30L 不锈钢生物反应器

BIOSTAT®Cplus 系列的 30L 不锈钢生物反应器灭菌流程：生物反应器罐体及附带的管道可以依靠控制系统本身自带的灭菌程序，对罐体、通气系统、尾气系统等配件进行自动灭菌，但是反应器其他的配件，如轴封、底阀、取样系统、补料系统等需要通过另外的蒸汽发生器进行人工操作灭菌，这些配件配有独立的蒸汽管道，可以在罐体灭菌过程中同时手动进行。

1. 灭菌前检查

（1）检查并确定各个管道和辅助设施已经正确安装好，相应的螺丝螺母都已拧紧。

（2）检查各个电极的信号电缆是否连接正确，并将其连接至控制器上。

（3）若 pH 电极尚未校正，按照 pH 电极校正方法进行校正。

（4）检查底阀是否关闭，并将已灭好菌的取样装置、单通补料装置、三通补料装置和补料装置 2 安装至相应位置，并拧紧至灭菌位置。单通道和三通道补料装置的作用是在培养过程中向罐内补加液体，如碱液、消泡剂、糖等小体积的液体，补料装置 2 是补加种子液和补料培养基等大体积液体。

2. 注入液体

（1）生物反应器在灭菌过程中，罐内至少需要装有一定体积的液体，一是可以受热蒸发，促进传热效果，二是可以在灭菌过程中对电极起到一定的保护作用。由于动物细胞培养基不能直接湿热灭菌，可以用 PBS 溶液替换，液体体积没过电极末端即可。

（2）如果是耐热培养基在该生物反应器内进行实消，需要注意的是在灭菌过程中，由于受热蒸发，溶液体积会有一定（1~2L）的蒸发损失。

3. 罐体灭菌过程

（1）灭罐前准备

1）将原位灭菌的 Sparger 通气调至"Sterilization（灭菌）"档。

2）打开夹套进水阀门和出水阀门，等待 5 分钟排尽夹套空气后，关闭出水阀门，将夹套水压调至 0.5bar，夹套水注满后，关闭夹套进水和出水阀门。

3）关闭尾气冷凝器的进水口阀门 HV－513。

4）调节气体控制阀门 PC－441，控制压力表 PI－442 显示值在 1.5bar，并调节气体流量计 FL－412 至 0.5vvm，该步骤是为了控制气体流量，避免在灭菌结束后的降温阶段形成真空，造成罐内气泡突然过多。

（2）设定灭菌过程参数

1）控制系统打开后，在主界面，点击"Phases"菜单，检查灭菌参数，一般默认灭菌温度"STEMP"为 121℃，灭菌时间"STIME"为 30 分钟，灭菌后培养温度"FTEMP"为 37℃。在适当条件下，可以参考罐体内培养基的体积和培养基的成分调整灭菌参数。

2）在灭菌过程中，PO_2 控制模式必须处于"off"关闭状态。只有在冷却阶段，为了避免真空的产生，才会自动通入少量的气体。

3）为了提高传热效果，灭菌过程搅拌会自动开启，转速默认设定值为 100r/min，以确保在灭菌过程罐内液体传热均匀。

4）检查无误后，点击 State 按钮，选择"Start"，开始进行自动灭菌。灭菌过程中罐内的实时温度和已完成的灭菌时间可以通过"TEMP"和"ELAPS"直接显示，或者回到主界面，点击"Trend"菜单，可以查看过程中罐内温度值、夹套温度值和罐压值的变化趋势线，实时观察灭菌状态。

（3）灭菌过程中生物反应器的自动运行程序：见表 11－2。

表 11－2　灭菌过程中生物反应器的自动运行程序

HEAT 1		罐体加热（罐内温度＜98℃）
	进气口	阀门 401（进气口）自动关闭
		阀门 411（空气滤器冷凝口）自动打开
	排气口	阀门 501（排气口）自动关闭
		阀门 502（尾气冷凝器进水口）自动打开
HEAT 2		罐体继续加热（罐内温度＞98℃）

STERL	手动操作	罐体加热到灭菌温度，灭菌计时开始 加热器自动打开或关闭，控制罐内灭菌温度恒定 罐内排出的热蒸汽进入通气管、排气管，对其进行灭菌 在灭菌过程（121℃）中，校正溶氧电极零点 手动控制蒸汽发生器，对底阀、取样系统、补料系统、轴封进行灭菌
COOL 1	进气口	罐体冷却（罐内温度＞80℃） 阀门411（空气滤器冷凝口）自动关闭 阀门401（进气口）自动打开，补偿真空的形成
	排气口	阀门502（尾气冷凝器进水口）自动关闭
COOL 2	手动操作	罐体继续冷却（罐内温度＜80℃） 阀门501（排气口）自动打开 阀门513（冷却水口）打开，供应冷凝水
FERM		显示"Sterilization finished"，灭菌结束报警启动，确认灭菌结束

（4）暂停生物反应器的灭菌：当灭菌过程中出现电机无法运转、循环泵无法启动等仪器故障，或者管道配件出现泄漏等紧急情况，需要中途暂停反应器灭菌。

1）在 State 按钮上选择"Stop"。

2）待灭菌状态进入"FERM"模式时，此时罐内达到安全状态，即罐压为常压，罐内温度为常温。

3）寻找故障出现的原因并消除，如更换密封圈、管道。若是电机、循环泵、阀门受损，则需要联系厂家进行维修更换。

4）故障排除后，在 State 按钮上选择"Start"，重新开始自动灭菌。

4. 底阀和取样系统灭菌 见图 9-7。

（1）连接蒸汽滤筒④至取样口③。

（2）在蒸汽滤筒底端的喷嘴上连接一小段硅胶管，并将硅胶管放入容器内，用于蒸汽和冷凝水的排放。

（3）打开蒸汽阀门102，蒸汽通过⑤进入底阀，灭菌20分钟。

（4）灭菌结束后，关闭蒸汽阀门102。

（5）待冷却后，拧下蒸汽滤筒，取样后，重新拧上，并安装上述方法重新灭菌。

5. 轴封灭菌 生物反应器在运转过程中，轴封必须充满无菌液体，起到润滑作用（图 11-1）。

（1）关闭进气阀门 HV-201 和排气阀门 HV-205。

（2）打开蒸汽进气阀门 HV-202 和蒸汽排污阀门 HV-204，蒸汽压力通过 TH-203 控制在 1.5 左右。

（3）持续通入蒸汽，灭菌 20 分钟。

（4）关闭蒸汽排污阀门 HV-204。

（5）取下尾气冷凝器的进水管，连接至轴封储水器（B-200）的进水口，打开进水阀门 HV-513，通入自来水。

（6）蒸汽继续通入，在储水器夹套的自来水冷却作用下，开始冷凝形成无菌水。

（7）待水位高度达到储水器视镜窗的 3/4 以上，关闭蒸汽进气阀门 HV-202 和自来水进水阀门 HV-513，并取下进水管，重新连接至尾气冷凝器上。

（8）打开排气阀门 HV-205，并迅速关闭，排除轴封内的真空。打开进气阀门 HV-201，调节压力表 PI-452 的压力至 1.4bar。通入空气的作用是用于维持轴封内一定的压力。

6. 补料系统 2 灭菌　补料系统 2 的门 1.2 关闭时，系统分为与罐体连通和不连通两部分。与罐体接通的部分在罐体灭菌时候同时完成灭菌。与罐体不连通部分则需要手动操作，采用独立的蒸汽管道灭菌，其灭菌分为两步完成（图 11-2）。

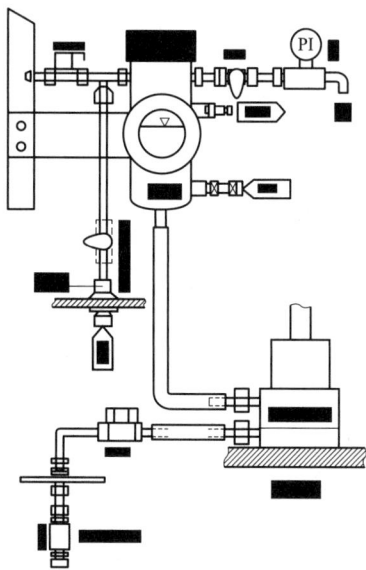

图 11-1　轴封结构示意图　　　　图 11-2　补料系统 2 结构示意图

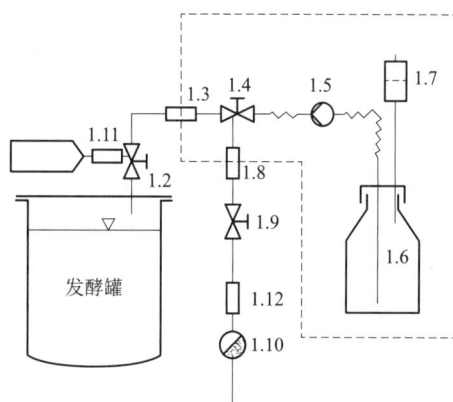

（1）补料系统容器及其配件灭菌 1

1）准备合适体积的容器 1.6，装入培养过程中需要加入的液体，瓶盖一端连接空气滤器，用于平衡瓶内和环境的压力，防止负压形成，另一端通过软管连接阀门 1.4。

2）阀门 1.4 拧紧关闭，瓶盖拧紧，放入蒸汽灭菌锅中 121℃灭菌 30 分钟。

（2）补料系统容器及其配件灭菌 1

1）固定卡箍 1.3 连接阀门 1.4 和阀门 1.2,过程中保证阀门 1.4 和阀门 1.2 处于关闭状态。

2）固定卡箍 1.8 连接阀门 1.4 和蒸汽排污管道阀门 1.9，打开阀门 1.9。

3）固定卡箍 1.11 连接蒸汽进气管道。

4）打开蒸汽阀门，通入蒸汽灭菌 20 分钟,此时阀门 1.4 和阀门 1.2 保持关闭状态。

5）灭菌结束后，关闭蒸汽阀门，关闭蒸汽排污管道阀门 1.9。

6）带补料系统温度降低至室温后,同时打开阀门 1.4,避免冷却过程中真空的产生。

7）培养开始时，开启阀门 1.4 和阀门 1.2,补料管道联通,可以通过泵 1.5,将已无菌的补料导入到罐中。若需更换其他的补料,可以关闭阀门 1.4 和阀门 1.2,卸下卡箍 1.3 和卡箍 1.8,按照相同方法组装和灭菌。

7. 灭菌过程中的注意事项

（1）轴封、底阀、取样系统、补料系统耐受蒸汽压力有限，因此蒸汽发生器的蒸汽压力应该控制 1.3～1.5bar，不得超过上限 2.0bar。

（2）在灭菌过程中所有管道接口都处于高压下，如果任何一个与罐体相连的接口松动，接口就可能被崩开，高温蒸汽和液体就会从接口中喷出，对人体造成伤害，因此在灭菌过程操作中必须佩戴好放目镜等防护措施。

（3）在罐体灭菌过程中，确保所有的操作均在生物反应器的自动程序下自主完成，不得人为干涉任何自主程序的步骤。

（4）蒸汽发生器的操作需要严格按照操作准则进行，不得随意开启蒸汽发生器电源开关和阀门。

实践链接1

蒸汽发生器的操作和注意事项

1.1 蒸汽发生器的操作

1.1.1 打开进水管开关，使蓄水箱水位至最高，保持进水状态。

1.1.2 连接蒸汽发生器电源，向锅内供水至正常水位（液位管的50%～80%），不得超过最高水位，且不得低于最低水位，关闭蒸汽出汽阀门。

1.1.3 打开电源开关，工作指示灯亮，开始加热锅水。

1.1.4 将蒸汽管连接至不锈钢罐体夹层蒸汽进入系统，打开相关阀门，保持管路通畅。当压力升至工作压力后（1.5kg/cm²），打开蒸汽出汽阀，即可供汽。

1.1.5 使用完毕，先关闭电源，后关闭进水管，待发生器适当降温后，排掉锅体中污水。

1.2 蒸汽发生器的操作注意事项

1.2.1 安全阀的调定压力已由厂家调整好，不得随意调整，若发现安全阀失灵，应更换新的安全阀。严禁私自改变压力自动控制功能和参数。

1.2.2 在正常运行期间，至少每8小时排污一次，并及时用砂纸给水位探针除垢。

1.2.3 在使用过程中，严禁关闭安全阀门，严禁私自改装或用堵头堵死。

1.2.4 压力表存水弯管应定期拆下清理。

第三步：清场工作

（1）关闭蒸汽发生器。

（2）灭菌结束 12 小时后，检测未染菌，表示灭菌成功后，关闭通气、搅拌和温控。关闭控制器电源。

（3）关闭自来水总阀门和空气总阀门。

（4）仔细打扫生物反应器培养间，清除地面的蒸汽冷凝水。

四、项目预案

生物反应器灭菌过程中，管道破损，出现泄漏怎么办？

对于小型生物反应器，若管道出现破损，在灭菌过程中可能会出现罐内液体倒流，并堵塞空气滤器。灭菌结束后，从蒸汽灭菌锅中取出，找出破损的管道，更换新的管道。同时更换新的空气滤器。再按照小型生物反应器灭菌流程重新灭菌。

对于中型或者大型不锈钢生物反应器，首先强调的是在蒸汽灭菌过程中，必须佩带防护镜。在灭菌过程中若管道出现破损，会造成蒸汽泄漏。出现蒸汽泄漏时，先远离蒸汽泄漏点，在旁边观察确定泄漏管道后，及时关闭该管道的蒸汽进气阀门，若是总蒸汽管道出现泄漏，应立刻关闭蒸汽发生器，待管道蒸汽排干净冷却后，更换新的管道。重新灭菌。

五、项目实施

（1）对班级学生进行分组，每二人一组。每次课前找一组学生参与项目前准备工作，对其下发该次项目任务报告书，简单讲解项目内容，教师与这二位学生讨论项目任务、流程及项目预期效果，最后根据讨论的内容进行项目前准备。

（2）在项目实施过程中，由这一组学生配合教师共同完成项目指导工作，并在项目结束后组织本班学生完成清场工作，每组轮流参与项目前准备工作和清场工作。

六、项目评价

项目评价详见表 11-3～表 11-6。

表 11-3 项目评价表（满分 100 分）

评 价 内 容			
学生互评（70 分）			教师评价（30 分）
完成过程（30 分）	完成质量（30 分）	团队合作（10 分）	项目报告评价（30 分）

表 11-4 项目评价标准——学生用表

任务	评价内容	分值	考 核 标 准	得 分
生物反应器的灭菌评价标准——过程评价				
生物反应器的灭菌操作过程评价标准（30 分）	灭菌前准备	5 分	灭菌前，戴好防目镜和手套，防止烫伤，并按照操作规范使用高压蒸汽灭菌锅和蒸汽发生器（5 分）	
	3L 生物反应器灭菌	5 分	灭菌前，按组装步骤按照 3L 生物反应器，并做好灭菌前处理，包括 pH 电极校正，滤器安装，管路夹紧（5 分）	
		5 分	灭菌结束后，待冷却至室温，从高压灭菌锅中取出，首先连通进气系统，开启通气，保证罐内一定的正压，按照罐体组装流程依次安装其余组件（5 分）	
	30L 生物反应器灭菌	15 分	30L 生物反应器罐体灭菌（6 分）	
			30L 生物反应器轴封灭菌（3 分）	
			30L 生物反应器取样系统灭菌（3 分）	
			30L 生物反应器补料系统灭菌（3 分）	

续表

任务	评价内容	分值	考 核 标 准	得 分
完成质量（30分）	蒸汽发生器的操作	5分	正确使用蒸汽发生器（5分）	
	3L 生物反应器灭菌	10分	可以正确组装 3L 生物反应器，并按要求检查灭菌前各项内容（10分）	
	30L 生物反应器灭菌	10分	可以正确组装 30L 生物反应器，并按要求检查灭菌前各项内容（10分）	
	生物反应器灭菌结果	5分	培养 12 小时后，观察是否染菌（5分）	
团队合作（10分）	合作态度	5分	积极参与项目的分工、讨论（5分）	
	合作效率	5分	积极帮助小组成员有效完成任务，分析/解决问题（5分）	
合　计				

表 11-5　项目评价标准——教师用表

生物反应器的灭菌评价标准				
任务	评价内容	分值	考 核 标 准	得 分
项目报告（30分）	蒸汽发生器操作总结	5分	蒸汽发生器使用过程中应该注意哪些问题（5分）	
	3L 生物反应器的灭菌	10分	3L 生物反应器的灭菌前和灭菌结束后需要做好哪些准备（10分）	
	30L 生物反应器的灭菌	10分	30L 生物反应器罐体和配件灭菌流程（10分）	
	经验教训总结	5分	对本次项目的完成，有哪些体会可与小组同学分享或有哪些教训需进行总结（5分）	
合　计				

表 11-6　项目评价考核成绩表

组别	姓名	组间互评（学生）			班级评价（教师）	总分值
		项目过程（30分）	完成质量（30分）	团队合作（10分）	项目报告（30分）	
第一组						
第二组						
第三组						
第四组						
第五组						
第六组						

七、项目作业——撰写项目报告书

（1）小型生物反应器的灭菌和中型生物反应器灭菌过程中有哪些区别。

（2）简述小型生物反应器如 3L 生物反应器灭菌的流程。

（3）简述中型生物反应器如 30L 生物反应器罐体灭菌的流程。

（4）简述中型生物反应器如 30L 生物反应器组装配件的流程。

（5）对本次项目的完成，有哪些体会可与小组同学分享或有哪些教训需进行总结。

项目十二 生物反应器的接种

一、项目要求

本次教学任务即按照标准操作流程对生物反应器进行接种。

1. 时间要求 4 学时。

2. 质量要求 熟悉细胞株的复苏操作，能根据实际培养情况选择合适的扩增路线，并根据操作流程完成对生物反应器的接种。

3. 安全要求 能遵守操作规程，保证自身和环境安全。

4. 文明要求 自觉按照文明生产规则进行项目作业，保持个人整洁与卫生，防止人为污染样品。

5. 环保要求 努力按照环境保护要求进行项目作业，按要求进行操作，并及时清理。

6. GMP 要求 按照项目 SOP 进行作业。

二、项目分析

1. 细胞库的构建 连续传代细胞生产重组生物制品的最大优点是每批产品都有一个经过鉴定的共同起源细胞，因此建立细胞库的目的就是获得高生物安全性、高质量稳定的生产细胞，以保证生产的可持续性和产品质量的稳定。一个细胞系的细胞库系统应该可以提供整个生产过程的细胞来源。

细胞库（cell bank）通常分为三级，即原始细胞库（primary cell bank，PCB）、主细胞库（master cell bank，MCB）、工作细胞库（working cell bank，WCB）；也可采用主细胞库和工作细胞库组成的两级细胞库。

（1）原始细胞库（PCB）：由一个筛选得到的原始细胞，经克隆培养得到的均一细胞群体，并通过检定证明适用于生物制品生产。其细胞组成均一，按一定量均匀分装于冻存管中，只作为种子细胞保存，冻存于液氮罐中，有 10～20 支。其中一支可用于制备主细胞库。

（2）主细胞库（MCB）：取原始细胞库种子，通过扩大培养传代次数 8～10 代，获得的细胞均匀混合，定量分装于冻存管中，冻存于液氮罐中，并经全面鉴定全部合格后即为主细胞库，可用于建立工作细胞库。

（3）工作细胞库（WCB）：经过有限传代次数的主细胞库，继续扩大培养传代次数 8～10 代，获得的细胞合并成一批均一的细胞群体，按照要求的细胞数量，分装于冻存管中，冻存于液氮罐中用于生产，一旦取出后不再返回细胞库中。冻存时细胞的传代水平须确保细胞复苏后传代增殖的细胞数量能够满足生产一个批次，并保证此时传代的次数在该细胞用于生产限制的最高代次内。工作细胞库也必须按照相应的检定要求，逐项进行全面鉴定，合格后方可用于生产。

2. 细胞库的管理 建立细胞库的第一阶段是建立细胞库的细胞来源的背景资料，细胞系清楚、全面的背景资料是建立细胞库的前提，细胞库背景资料包括以下几方面：

（1）来源：组织来源，培养方法，传代过程，培养和保存情况，以及所用培养基等。

（2）特征：形态，生长特性，倍增时间。

（3）遗传特征：表型，基因特征，细胞核型及标记染色体、同工酶；若是生产用工程细胞，则需要有载体构建和转染方法资料或细胞融合资料、基因拷贝数、稳定性等指标。

（4）外源因子检测报告：有无支原体、细菌、真菌、病毒和逆转录病毒等污染。

建立主细胞库之前，先要证明细胞系未被污染。从主细胞库产生冻存的工作细胞库，也称为生产用工作细胞库（manufacture's working cell bank，MWCB），该细胞库只为生产过程提供细胞，从工作细胞库复苏的细胞只用于若干个批次的生产，之后一般将细胞丢弃，并从工作细胞库中重新复苏新的细胞群体用于新的生产周期。具体使用时间的长短须经仔细研究，以保证细胞群体基本保持稳定。

为了保证生产细胞系的生物安全性，从细胞库取出的细胞，其表型特征和基因特征必须清楚，细胞一致性和基因稳定性都有记载。此外，还需检测细胞的微生物污染，这些检测包括支原体、细菌、真菌、病毒和逆转录病毒，以保证高的生物安全性。建立细胞过程中，只有将细胞系的详细背景资料和有效性论证过程联系起来，才能减少生产细胞携带微生物的风险，保证在进行生物制品生产过程中获得具有高水平生物安全性和高质量的生产细胞。

一旦建立了细胞库，必须以适当的方式保存，通常采用方法是液氮冻存。在冻存前，每个细胞库的冻存管应注明细胞株名、传代次数、冻存管号、数量、冻存日期，并应记录放置位置、容器编号等。冻存的种子细胞活力应在90%以上。冻存后的细胞，至少作一次复苏培养，并连续传代至衰亡期，在不同传代次数检查细胞生长情况。建库结束后，需要对主细胞和工作细胞库，进行全面的检查。

3. 种子的扩增 根据实际生产需求，取出冻存的工作细胞库一支或多支冻存管，经传代复苏，恢复正常活性后，复苏后的细胞液再经过一系列不同体积和不同类型的细胞培养装置，不断加大细胞培养体积，获得足够的数量，才能作为种子进入生物反应器中进行培养，此过程也称为种子扩增。

种子扩增起始于细胞复苏，止于培养反应器的接种。相比较于微生物发酵，细胞培养的种子扩增步骤较为复杂：①动物细胞生长速度缓慢，种子扩增需要12～20天才能完成；②动物细胞传代时的稀释比例有限，一般不超过1:10；所以种子扩增需5～8次传代才能完成。同时需要注意的是动物细胞传代次数不得超过对该细胞用于生产的最高限制代次。

三、项目实施的路径与步骤

（一）项目路径

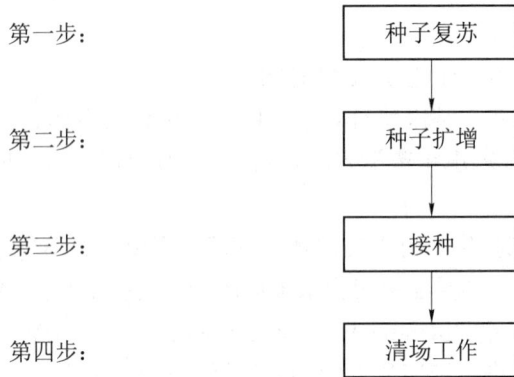

第一步：　　　　　种子复苏

第二步：　　　　　种子扩增

第三步：　　　　　接种

第四步：　　　　　清场工作

（二）项目步骤

第一步：种子复苏

工作细胞库的种子细胞通常以 $0.5×10^7$～$2×10^7$cell/ml 的密度，1～2ml 的体积，保存在冻存管中，长时间存放在液氮中。细胞复苏可在 37℃水浴锅中快速解冻，细胞冻存液中会添加 5%～15% 的二甲基亚砜（DMSO）作为保护剂，以防止冻融时冰晶对细胞的破坏作用。复融后，高浓度的 DMSO 对细胞有明显的毒性，需迅速换液或加入新鲜培养基以稀释 DMSO 至毒性浓度之下。种子复苏具体流程如下：

（1）将新鲜培养基放置于在 37℃培养箱中预热 1～2 小时。

（2）取一个 125ml 三角瓶，在洁净台中加入 30ml 新鲜培养基。

（3）佩戴眼镜和手套，从液氮罐中取一支工作细胞库冻存管，并登记好出库记录。

（4）迅速投入 37℃水浴，用镊子夹住在水浴中轻轻晃动，使其在 1 分钟内快速融化。

（5）将融化好的细胞冻存悬液，转移到 15ml 离心管中，加入 5ml 培养基，轻轻吹打混匀。

（6）将细胞悬液经 800r/min 离心 5 分钟，弃上清液。

（7）向细胞沉淀内加入少量体积的培养基，轻轻吹打混匀，将细胞重悬液转移到装有 30ml 培养基的 125ml 三角瓶中。

（8）将三角瓶放入至二氧化碳恒温培养摇床中，在 37℃，8%CO_2，转速 120r/min 条件下培养，待长到一定密度后，按照 $3×10^5$～$6×10^5$cell/ml 接种密度，培养体积保持不变，传代 3 次，以恢复细胞活力至 90% 以上。

实践链接1

二氧化碳恒温培养摇床操作规程及操作注意事项

二氧化碳摇床（型号：阿道夫科耐 ISF－1－X）操作规程及操作注意事项

1.1　操作流程

1.1.1　在 TEMP（温度）控制面板，设定摇床培养温度为37℃，开启温度控制。

1.1.2　在 CO_2 控制面板，设定摇床内 CO_2 浓度为8%，开启温度控制。

1.1.3　在转速控制面板，设定摇床转速为120r/min，开启转速控制。

1.1.4　待摇床内温度、CO_2 浓度、转速值稳定在设定值。

1.1.5　打开前门，依次放入所需要培养的三角瓶、微孔板等培养装置。

1.2　注意事项

1.2.1　需要等摇床振荡板完全停下来后才能伸手进行摇床操作。

1.2.2　在摇床上不能放置对震动敏感的设备。

1.2.3　不能使用对不锈钢有腐蚀性的化学试剂擦洗摇床，如无机酸、漂白剂或含氧试剂。

1.2.4　该摇床若为配制湿度控制器，使用时需要用烧杯放置适量的水维持一定温度。

1.2.5　每次培养使用结束，应用75%的酒精擦洗消毒，保持摇床内干净清洁。并开启紫外灯按钮，消毒 0.5～1 小时。

第二步：种子扩增

种子扩增过程可使用包括方瓶、摇瓶、磁力搅拌悬浮培养瓶、波浪式反应器（或袋式反应器）以及传统罐式搅拌反应器等培养装置，其中方瓶属于静止培养，其余装置为悬浮培养，采用方瓶的目的是为复苏后的细胞提供一个无剪切力的生长环境，利于其从冻融损伤中恢复，对于剪切力高耐受的细胞株，可以直接接种至摇瓶中。种子细胞扩增过程属于反复的简单批次培养，通常不涉及加料或者灌流（图12－1）。

种子细胞扩增路线的具体选择取决于各个细胞株的本身生长情况和各个批次培养体积：

（1）250ml 的摇瓶培养实验：细胞复苏后，按照 $3×10^5～6×10^5$cell/ml 接种密度扩增，选择细胞复苏→125ml 三角瓶→250ml 三角瓶（培养）路线。

（2）3L、5L 反应器的小试培养实验：细胞复苏后，按照 $3×10^5～6×10^5$cell/ml 接种密度扩增，选择细胞复苏→125ml 三角瓶→250ml 三角瓶（培养）路线→500ml 和 1L 三角瓶→3L、5L 反应器（培养）路线。

（3）30L 反应器的中试培养实验：细胞复苏后，按照 $3×10^5～6×10^5$cell/ml 接种密度扩增，选择细胞复苏→125ml 三角瓶→250ml 三角瓶→500ml 和 1L 三角瓶→3L、5L 三角瓶或反应器→30L 反应器（培养）路线。

（4）200L 反应器的中试培养实验：细胞复苏后，按照 $3×10^5～6×10^5$cell/ml 接种密度扩增，选择细胞复苏→125ml 三角瓶→250ml 三角瓶→500ml 三角瓶→3L、5L

三角瓶或反应器→30L 反应器或者 50L 波浪式一次性反应器→200L 反应器（培养）路线。

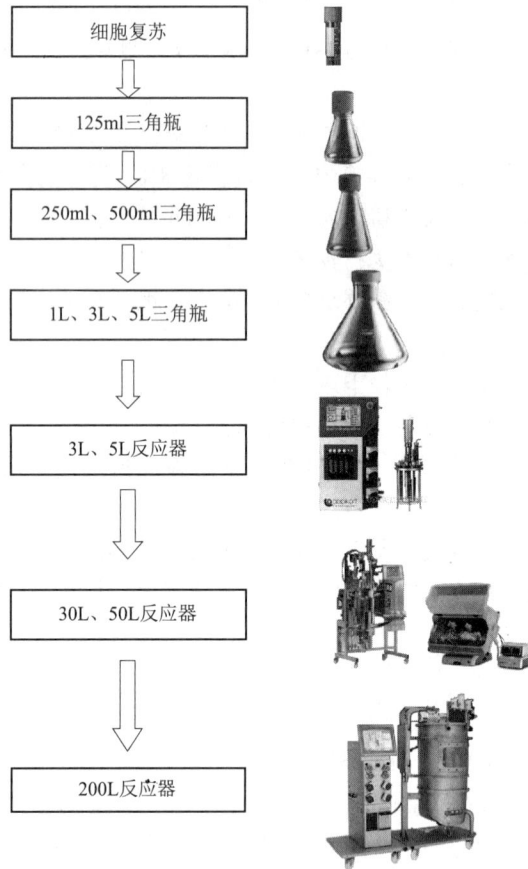

图 12-1 种子细胞扩增的一般流程图

实践链接2

种子制备注意事项

在种子细胞扩增工艺开发和优化过程中，需要注意培养基、培养温度、pH 值、溶氧、搅拌、剪切力、细胞接种密度、细胞培养密度等参数的影响。

2.1 培养基

种子细胞培养基的选择有两个策略：一个是采用和生产相同的培养基，可以简化培养基的开发、优化和生产管理，但同一培养基有时很难兼顾种子扩增阶段提高细胞生长速率与生产阶段提高抗体产物合成两方面的需求；另一个是采用与生产培养基不同，但更有利于细胞生长的培养基，采用这种策略时，种子和生产培养基应基于同一基本配方开发而来，以减少培养基切换对细胞造成的影响。

2.2 温度、pH、溶氧、搅拌

细胞在方瓶和三角瓶中培养时，温度和 pH 由培养箱的温度和二氧化碳浓度分别控制，转速由摇床决定。细胞扩增过程中，细胞密度相对较低，氧耗量不大，所以空气中的氧气足以保证方瓶和三角瓶中氧的供给。需要注意的是摇床转速的提高，可以促进传氧速率，但也会增加剪切力，因此针对不同的细胞株以及不同的工艺条件会造成氧消耗和剪切力敏感性的不同，其摇床的摇速和摇动半径需通过具体实验确定。

2.3 细胞接种密度和细胞培养密度

用于传代的细胞需要保持在对数生长期，传代时要避免使用进入稳定期的细胞，细胞的对数生长期可以通过在各个特定细胞培养装置中的生长曲线来确定。使用对数生长期的细胞，可以保证种子扩增一直使用的为处于最佳生长状态的细胞。

第三步：接种

当种子扩增到一定体积，达到所需的细胞数量后，就可以按照一定量的接种密度，接种至三角瓶或者生物反应器中进行培养。

1. 三角瓶中培养 在三角瓶中培养时，可以在洁净操作台中，通过移液管直接移取一定体积种子液，加入到三角瓶中，进行下一步的培养实验。

2. 生物反应器中培养 在生物反应器中培养时，种子需要通过特定的管路导入。种子的进入有两种方式：一种是通过接种隔膜，由无菌灭菌针管直接插入进行接种；另一种方式是通过补料管路，通过无菌焊接或者无菌快接头连接种子瓶和反应器的补料管，进行接种。具体操作流程如下：

（1）通过接种隔膜

1）组装种子瓶：准备一个蓝瓶，瓶盖连接一个空气滤器的硅胶管和一个末端连接针头的硅胶管，瓶盖拧紧，针头用八层纱布扎紧。

2）将种子瓶放置于高压蒸汽锅中，121℃灭菌 30 分钟；灭菌结束待冷却后取出，放置于洁净操作台中。

3）在洁净操作台中，将一定量体积的种子液转移到种子瓶中，拧紧瓶盖。

4）接种前，用酒精棉球擦拭接种隔膜表面，并在周围环境喷洒酒精，创造一定的无菌环境。

5）靠近火焰，打开纱布，针头灼烧至通红后，待冷却后，快速插入接种隔膜。

6）种子瓶与生物反应器连接后，用注射器连接空气滤器，推入空气，通过重力作用，将种子液导入到生物反应器中。

（2）通过补料管路

1）组装种子瓶：准备一个蓝瓶，瓶盖连接一个空气滤器的硅胶管和一个末端连接快接头或者一定长度的热塑管的硅胶管，瓶盖拧紧，针头用八层纱布扎紧。需要注意的是生物反应器上的补料管末端也需安装有相对应连接的快接头或者相同规格的热塑管。

2）将种子瓶放置于高压蒸汽锅中，121℃灭菌 30 分钟；灭菌结束待冷却后取出，放置于洁净操作台中。

3）在洁净操作台中，将一定量体积的种子液转移到种子瓶中，拧紧瓶盖。

4）接种前，通过快接头直接无菌连接，或者通过焊管机，连接种子瓶和补料管上的热塑管。

5）种子瓶与生物反应器连接后，可以用注射器连接空气滤器，推入空气，通过重力作用导入。也可以通过泵直接将种子液导入到生物反应器中。

理论链接1

种子质量对培养的影响

接种时间：通常选择处于指数生长中后期的细胞较为适宜，过早或者过晚对接下来的培养都不利。过早的话，细胞仍处于停滞期，此时细胞数量少，无法快速适应新环境，会导致接种后前期生长缓慢，整个培养周期延长，产物蛋白的分泌也延后。过晚的话，细胞提早进入凋亡，培养过早结束，甚至会严重影响产物蛋白的质量。

接种量：接种量的大小是由细胞本身的生长繁殖速度决定的，通常较大的接种量可缩短生长达到高峰的时间，此时产物蛋白的分泌也会提前，也并非越高越好。

第四步：清场工作

（1）细胞传代过程中多余的细胞液不可以随意丢弃，通过加热煮沸或者加入新洁尔灭，彻底杀死后，才能弃去。

（2）使用过的三角瓶和种子瓶，需要用超纯水仔细清洗干净，放置于电热恒温干燥箱中烘干备用（注意：电热恒温干燥箱需不定时观察，物品烘干后立即关闭电源）。

（3）为保证细胞培养间的无菌环境，每次清场时用0.2%的新洁尔灭拖地，然后打开移动紫外消毒车，迅速关门离开细胞培养间，移动紫外消毒车会自动在电源打开1分钟后启动灭菌程序，并在2小时后自动结束灭菌程序。

四、项目预案

种子质量好坏的判定？

（1）传代过程中，最好使用对生生长期的细胞，可以保证种子扩增一直使用处于最佳的生长状态的细胞，避免或缩短接种后的延迟期。

（2）细胞的对数生长期可以通过绘制的生长曲线来确定，此时细胞的密度最好不要超过 $3\times10^6\sim5\times10^6$ cell/ml。

（3）除了需要密切观察密度变化，同时也需要对培养过程中的细胞直径和代谢副产物乳酸和氨实时观测。通常细胞在种子扩增过程中，细胞直径不会发生明显的变化，乳酸和氨也不会大量积累。

五、项目实施

（1）对班级学生进行分组，每二人一组。每次课前找一组学生参与项目前准备工作，对其下发该次项目任务报告书，简单讲解项目内容，教师与这二位学生讨论项目任务、流程及项目预期效果，最后根据讨论的内容进行项目前准备。

（2）在项目实施过程中，由这一组学生配合教师共同完成项目指导工作，并在项目结束后组织本班学生完成清场工作，每组轮流参与项目前准备工作和清场工作。

六、项目评价

项目评价详见表 12-1～表 12-4。

表 12-1　项目评价表（满分 100 分）

评 价 内 容			
学生互评（70 分）			教师评价（30 分）
完成过程（30 分）	完成质量（30 分）	团队合作（10 分）	项目报告评价（30 分）

表 12-2　项目评价标准——学生用表

任务	评价内容		分值	考核标准	得　分
生物反应器的接种操作过程评价标准（30分）	操作前准备		5 分	操作前准备（超净台紫外灭菌，打开紫外灯吹，以去除臭氧）（2 分）	
				戴一次性无菌手套，用 75%酒精擦拭超净台，所有放入超净台的物品必须用 75%的酒精处理（3 分）	
	种子复苏		5 分	从液氮中取出细胞株冻存管，是否按安全要求操作（2 分）	
				细胞株成功复苏，活力恢复达到 90%以上（3 分）	
	种子扩增	三角瓶	5 分	掌握三角瓶的接种方法，保证严格的无菌操作 （5 分）	
		生物反应器	10 分	掌握生物反应器的隔膜接种方法，保证严格的无菌操作 （5 分）	
				掌握生物反应器的接种管接种方法，保证严格的无菌操作 （5 分）	
	清场工作		5 分	用记号笔在三角瓶上写好细胞名称，传代或者日期，班级，姓名，然后放入摇床中培养（1 分）	
				整理超净台，用 75%酒精彻底擦拭超净台（2 分）	
				废液缸内容物用 84 消毒液处理后倒掉。未用完的试剂用封口膜封好，放入 4℃冰箱保存，血清需放入-20℃环境中（2 分）	

生物反应器的接种项目评价标准——过程评价

生物反应器的接种项目评价标准——过程评价（学生用表）

任务	评价内容	分值	考核标准	得分
完成质量（30分）	学习态度	10分	态度端正，积极认真，操作规范，按要求完成任务（10分）	
	种子复苏	5分	种子细胞复苏成功，活力恢复至90%以上（5分）	
	种子生长状态	5分	种子细胞在扩增过程中，生长状态是否良好（5分）	
	是否污染	10分	扩增后的细胞有没有污染；若污染，能否判断是哪种类型的污染（10分）	
团队合作（10分）	合作态度	5分	积极参与项目的分工、讨论（5分）	
	合作效率	5分	积极帮助小组成员有效完成任务，分析/解决问题（5分）	
合　计				

表12-3　项目评价标准——教师用表

生物反应器的接种项目评价标准

任务	评价内容	分值	考核标准	得分
项目报告（30分）	仪器试剂耗材总结	10分	种子复苏和扩增过程所用到的试剂、耗材、仪器有哪些？各有何作用（10分）	
	操作注意事项总结	15分	总结种子复苏和扩增操作过程注意事项（15分）	
	经验教训总结	5分	对本次项目的完成，有哪些体会可与小组同学分享或有哪些教训需进行总结（5分）	
合　计				

表12-4　项目评价考核成绩表

组别	姓名	组间互评（学生）			班级评价（教师）	总分值
		项目过程（30分）	完成质量（30分）	团队合作（10分）	项目报告（30分）	
第一组						
第二组						
第三组						
第四组						
第五组						
第六组						

七、项目作业——撰写项目报告书

（1）三级细胞库指的是哪三级？各有什么作用。

（2）种子细胞扩增过程所用到的试剂、耗材、仪器有哪些？各有何作用？

（3）简述细胞从冻存管复苏至接种到 3L 生物反应器的种子扩增流程？

（4）生物反应器的接种方式有哪些，具体的操作流程是什么？

（5）对本次项目的完成，有哪些体会可与小组同学分享或有哪些教训需进行总结。

项目十三　动物细胞培养过程参数分析与控制

一、项目要求

本次教学任务即按照标准操作流程对动物细胞培养过程的常规参数（pH、溶氧和温度等）进行设定和控制，并能准确分析培养过程状态。

1. 时间要求　4 学时。

2. 质量要求　独立完成动物细胞培养过程的参数（pH、溶氧和温度等）的调控，同时能及时并准确分析培养过程状态。

3. 安全要求　能遵守操作规程，保证自身和环境安全。

4. 文明要求　自觉按照文明生产规则进行项目作业，保持个人整洁与卫生，防止人为污染样品。

5. 环保要求　努力按照环境保护要求进行项目作业，按要求进行灭菌操作，并及时清理。

6. GMP 要求　按照项目 SOP 进行作业。

二、项目分析

1. 培养过程检测的参数　动物细胞在培养过程中会同时受到内外条件的相互作用影响，外部条件包括生物反应器内部的物理、化学和生物条件，内部条件是细胞本身内部的生化反应。在培养过程中只能间接通过改变外部条件来调控细胞的代谢状态，将环境因素调节至最佳状态，以利于细胞的生长或产物的形成。因此培养过程的操作需要了解一些与环境条件和细胞生理状态有关的信息，即需要对过程参数进行检测。

动物细胞培养过程中需要检测的参数主要包括物理参数、化学参数和生物学参数，各个参数的检测都可以采用相应的仪表进行在线或者离线检测。

（1）在物理参数中，温度、罐压、气体流量、搅拌转速、补料速度和泡沫是培养过程中最重要的参数，需要随时在线检测和控制，这些参数在生物反应器上均可直接在线测量和控制，如温度（℃）采用温度电极检测，罐压（Pa）用压力表表示，空气流量（ml/min，L/min 或 L/h）由转子流量计或者质量流量计控制，转速（r/min）由马达控制，补料速度（ml/min，g/min）由相应的补料蠕动泵控制，泡沫可以通过在线液位电极直接检测，另外装液量（培养体积）、渗透压等也属于物理参数范畴。

（2）在化学参数中，pH、溶氧、溶解二氧化碳浓度可以由相应的电极在线检测；尾气组成（氧气和二氧化碳）可以通过连接尾气质谱仪进行在线检测；培养液的化学成分主要包括反映溶液渗透压的无机盐 K^+ 和 Na^+、营养物质葡萄糖、谷氨酸和谷氨酰胺等氨基酸，以及代谢副产物乳酸和氨，其测定很难在线进行，一般需要无菌取样后，采用化学分析法或酶法进行离线测定。现今已有厂家成功能对多种生化参数同时进行检测，大大缩短了检测的周期和工作量。

（3）在生物参数中，主要包括活细胞密度、活力、细胞直径、结团率以及细胞形态等，产物蛋白浓度也属于该类。描述细胞特征的参数可以由倒置显微镜或者专门的计数仪器进行离线分析，产物蛋白浓度可以采用分光光度计或者高效液相色谱仪进行离线检测。在分析生化参数时，需要注意的是由于无菌取样后，细胞仍处于代谢状态，因此取样后应及时进行计数和分析，若来不及检测，需要保存于−20℃中，尽量保持培养液成分的原始状态。

培养过程参数还包括一类由上述测定的直接参数计算得到的各种反映过程特性的参数，称为间接参数。如细胞生长速率、比生长速率（μ）、比糖耗速率（q_s）、比产物形成速率（q_p）、摄氧速率（OUR）、二氧化碳生产速率（CER）、呼吸熵（RQ）、呼吸熵氧传递系数（KLa），用于反映细胞代谢活性和反应器操作特性等。其中由于动物细胞呼吸代谢比较缓慢，氧气消耗不如微生物这么明显，因此 CER、OUR 和 RQ 通常不适合用于表征动物细胞的呼吸代谢状况。

生长速率：$v = \dfrac{\Delta X}{\Delta t}$

比生长速率：$\mu = \dfrac{1}{X} \cdot \dfrac{\Delta X}{\Delta t}$

比糖耗速率：$q_s = \dfrac{1}{X} \cdot \dfrac{\Delta S}{\Delta t}$

比产物形成速率：$q_P = \dfrac{1}{X} \cdot \dfrac{\Delta P}{\Delta t}$

式中，X 表示活细胞浓度；S 表示底物浓度；P 表示产物浓度。

需要注意的是培养过程参数还可以分为操作变量和状态变量两种。

（1）操作变量指的是加入到生物反应器的剂量大小，如基本培养基和补料中的各种营养成分浓度、温度调控过程中夹套中加入的冷水和热水量、pH 调控过程中酸碱的泵入量，以及 DO 调控过程中的转速和通气量等，操作变量可以人为的干预，从而使培养过程按照预定的方向进行。

（2）状态变量表示的是培养系统过程性质和状态的变量，也可以分为环境变量和反映细胞生理特性的变量，如温度、pH、DO、基质浓度等环境变量，可以用来表征生物反应器的状态，而葡萄糖消耗速率、比生长速率、比产物形成速率等生理变量，可以用来表征细胞的生理特性。

2. 主要培养参数的影响

（1）温度的影响：温度是保证酶活性的重要条件，故在培养过程中必须保证最适宜的温度环境。不同种类的细胞，其最适生长温度和耐受温度范围均不一样，而且适合细胞生长的温度不一定适合产物合成。随着培养温度升高，酶反应速率增大，生长代谢加快，但容易促使动物细胞提前进入凋亡状态，培养周期缩短，影响最终产物产量，同时也经常影响蛋白产物的质量。温度除了直接影响培养过程的代谢反应速率外，还会改变培养液的物理性质，如氧的溶解度、二氧化碳的溶解度、基质的传质速率等，在低温条件下 CO_2 溶解度增加，会改变溶液的缓冲体系，影响 pH 的变化，从而间接影响整个培养过程。

培养最适温度的选择除了参考生长和产物合成影响外，也可关注其他培养条件的限制。如在供养条件能力差的情况下，最适温度可能比正常供氧条件下低一些；培养基营养不足时，提高温度会导致营养物质过早耗竭，引起细胞过早进入凋亡。

（2）pH的影响：pH变化会影响各种酶的活性、对基质的利用速率以及细胞的结构，从而影响细胞的生长和产物的合成。大多数细胞系在pH7.4下生长很好。由于动物细胞在生长过程会产生大量的CO_2和乳酸，引起pH下降，因此为稳定pH值，一般会加入碳酸氢钠缓冲体系或者HEPES等缓冲物。在培养基中常采用酚红作为pH指示剂，pH7.4呈红色，pH7.0变橙色，pH6.5变黄色，pH7.6红色中略带有蓝色，pH7.8呈紫色。

pH也是细胞代谢活动的综合指标，是培养过程中非常重要的状态参数，在培养过程中pH不断发生变化，通过pH的变化规律也可以了解培养过程的正常与否：在培养早期，动物细胞代谢旺盛，消耗大量的葡萄糖，产生有机酸等酸性物质，使pH值下降；在培养中后期，动物细胞生长趋于缓慢，葡萄糖消耗速率减慢，此时细胞部分裂解，并积累NH_3等代谢副产物，使pH值上升；同时含氮物质如蛋白质的代谢，生理酸性物质、生理碱性物质代谢，都会引起pH的改变。

因此在培养过程中，必须掌握培养过程中pH变化规律，及时监测并调控，保证培养过程一直处于最佳状态。

（3）溶氧的影响：动物细胞在有氧呼吸过程中需要不断地消耗氧气，为其生长代谢提供所必需的能量和各种结构单元，因此培养过程中的溶氧浓度的变化可以反映细胞的生长生理状态。在培养过程中溶氧浓度需控制在临界氧浓度以上，所谓临界氧浓度是指不影响呼吸所允许的最低溶氧浓度。值得注意的是，在培养过程中并不是维持溶氧浓度越高越好，一方面会增加搅拌和通气压力，另一方面过高的溶氧对细胞可能有毒害作用。

同时溶氧也可以作为培养过程异常的指示，当溶氧变化异常时，便可及时预告可能出现的问题以便及时采取措施补救，如动物细胞培养过程污染杂菌，此时溶氧一般会在短时间迅速跌到零，并长时间不回升。

（4）溶解二氧化碳的影响：动物细胞生存所需的气体除了氧气外，还需提供一定比例的二氧化碳。在培养过程中一般将细胞置于含5%~8% CO_2的空气环境中，CO_2既是细胞代谢的产物，也是细胞生长繁殖所需成分，在细胞培养中CO_2的主要作用是维持培养基的pH值。大多数细胞的适宜pH在7.2~7.4，偏离这一范围对细胞培养将产生有害的影响。

三、项目实施的路径与步骤

（一）项目路径

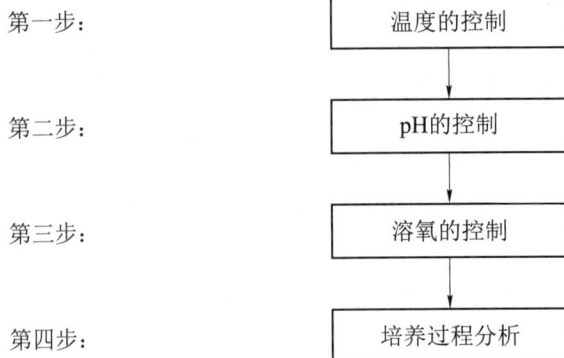

第一步：　　　　温度的控制

第二步：　　　　pH的控制

第三步：　　　　溶氧的控制

第四步：　　　　培养过程分析

（二）项目步骤

第一步：温度的控制

仪器：荷兰 Applikon BioBundle 系列 3L 单壁罐体玻璃生物反应器，采用 ez–Control 控制系统。采用电热毯控温。

培养参数温度控制过程如下；

（1）确认电热毯电缆和温度电极电缆插头已连接至控制器上相应的插口。

（2）将电热毯包裹在生物反应器罐体外壁，温度电极直接插入温度电极槽中，并加入一定体积的甘油，增加传热效果。

（3）开启 ez-Contro 控制器，进入主界面，点击 "Temperature" 按钮进入温度控制模块；在 "Temperature set point" 中输入温度控制值，如 "37" ℃，点击 "Start Temperatue controller"，此时主页面参数 "Temperature" 由灰色转为绿色，开始进行温度控制。

（4）回到主页面，可看到温度控制处于开启状态，加热（Heating）符号显示为红色。

（5）待达到设定值 37℃，加热停止；若温度超过设定值，加热相应停止，通过环境温度进行自然降温。

理论链接1

温度的控制

动物细胞在体外培养时，最适温度一般 37℃左右，高于环境温度，同时培养过程中常常会采用降温工艺，因此要求生物反应器具有一定的加热和降温能力。一般采用夹套和电热毯进行控温，其中电热毯常见于 1～5L 小体积规模生物反应器中，夹套常见于 3L 或 5L 以上体积规模生物反应器。

1.1　当温度低于设定温度时，控制系统开始进行升温操作，此时电热毯进行加热，或者加热器启动，经循环泵将热水注入夹套中，提高培养温度。

1.2　当温度高于设定温度时，控制系统开始进行降温操作，此时电热毯停止加热，在相对较低温度的环境下自行降温，也可以将自来水或者冷却水注入夹套中，将温度降低至设定温度。

1.3　当温度达到设定温度时，相应的升温和降温装置暂时停止作用。

第二步：pH 的控制

仪器：荷兰 Applikon BioBundle 系列 3L 单壁罐体玻璃生物反应器，采用 ez–Control 控制系统培养参数 pH，控制设置如下：

（1）在 "Menu" 菜单中，在 "System" 栏中选择 "Configuration"，在配置页面中点击 "Control loop"，可以看到培养参数 pH 控制的偶联方式，选 "Alkali pump" 和 "CO_2 MFC"。

（2）确定 CO_2 阀门已开启，碱已通过碱泵连接至罐的三通补料口上，并已灌满管道。

（3）进入控制器的主界面，点击主页面右上角 "pH" 按钮或者点击参数 "pH" 模块，进入 pH 控制模块。

（4）在"pH set point"中输入 pH 控制值，如"7.00"，点击"Start pH controller"，此时主页面参数"pH"由灰色转为绿色，开始进行 pH 控制。

（5）选择"pH controller setup"，在"Dead zone"中输入控制范围，如输入"0.2"，表示 pH 值在 6.8～7.2 时，碱泵或者 CO_2 阀门都不会工作。

理论链接2

pH 的 控 制

动物细胞在培养过程中 pH 值一般控制在 6.8～7.2。在培养早期，动物细胞代谢旺盛，消耗大量的葡萄糖，产生有机酸等酸性物质，造成 pH 值过低，此时可以开启碱泵，补入一定量的碱液提高 pH 值。在培养中后期，动物细胞生长趋于缓慢，葡萄糖消耗速率减慢，此时细胞部分裂解，并积累 NH_3 等代谢副产物，造成 pH 值过高，此时需要开启 CO_2 阀门，充入 CO_2 气体降低 pH 值，从而将培养过程的 pH 值控制在一个合理的范围内。

在实际培养过程中，pH 的调控设置通常会设定一定范围的死区间（dead band），如 pH 设定值为 7.00，死区间为 0.2，表示当培养液 pH 值在 6.8～7.2 内时，不对 pH 进行调控操作，当低于 6.8 或者高于 7.2 时则相应地开启碱泵或者 CO_2 阀门进行调节。

第三步：溶氧的控制

仪器：荷兰 Applikon BioBundle 系列 3L 单壁罐体玻璃生物反应器，采用 ez－Control 控制系统培养参数溶氧，控制设置如下：

（1）在配置页面中点击"Control loop"，相应可看到培养参数 DO 控制的偶联方式，选择"O_2 MFC"。

（2）确定空气阀门和 O_2 阀门可以正常开启。

（3）进入控制器的主界面，点击主页面右上角"DO"按钮或者点击参数"DO"模块，进入 DO 控制模块。

（4）在"DO set point"中输入 DO 控制值，如"40"%，点击"Start DO controller"，此时主页面参数"DO"由灰色转为绿色，开始 DO 自动控制。

（5）当 DO 值低于设定值时，可以手动增加转速，或增加空气流量，来提高 DO 值。

（6）在未改变空气流量或者转速，当 DO 值低于设定值时，控制器自动开启 O_2 阀门，调控 O_2 通气量，提高 DO 值，从而使 DO 值稳定在控制值附近。

理论链接3

溶氧的控制

动物细胞在培养过程中除了培养基提供营养物质外，还需提供额外的氧气，以满足细胞的正常的生长代谢。在整个培养过程中，细胞需要消耗大量的氧气，因此氧气的供应通常是个限制因素，在生物反应器上培养时可以通过增加转速、加大通气量、通入氧气或者降温减缓代谢，以保证氧气的充足供应。

第四步：培养过程分析

在培养过程中，除了通过温度电极、pH 电极和溶氧电极等在线传感器，可以实时观察培养过程表观状态的变化外，同时需要更加深入关注细胞本身的生长和代谢情况，从而判断培养的进程状态，并为后续的培养工艺调整和补料操作提供一定依据。

1. 细胞计数　无论是贴壁细胞还是悬浮细胞，在培养过程中都需要定期进行细胞检查和计数。细胞检查可以观察细胞的形态，细胞计数可以确定细胞密度和存活率。活细胞计数可以采用台酚蓝染色法，由于活细胞会排斥染料，将细胞和台酚蓝混合后，死细胞被染成蓝色，此时可以在倒置显微镜通过血细胞计数板直接统计透明的活细胞和蓝色的死细胞，计算细胞密度和存活率。

通过细胞本身的生长情况，可以更加直观地判断培养的状态和进程。在整个分批培养过程中，动物细胞会经历延滞期、对数生长期、平稳期和衰退期四个阶段（图 13-1）。

（1）延滞期：延滞期是指细胞接种到细胞分裂增殖的这段时间。细胞的延滞期是其分裂繁殖前的准备时间，一方面，细胞需要逐渐适应新的环境条件，另一方面，可以不断积累细胞分裂繁殖所必需一定浓度的活性物质。延滞期的长短依据培养条件和种子细胞本身条件而异。通常选用生长旺盛的对数生长期细胞作为种子细胞，适当提高接种密度，都可以缩短延滞期。

（2）对数生长期：当细胞内的准备结束，细胞便开始进入迅速繁殖，进入对数生长期。该时期细胞随时间成指数函数形式增长，此时

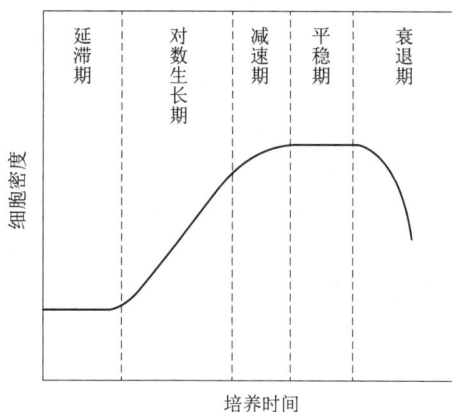

图 13-1　分批培养过程中细胞的生长

细胞比生长速率为一定值。通常种子细胞在扩增的过程中，基本都处于对数生长期内。

（3）平稳期：细胞通过对数生长期迅速生长繁殖后，由于环境条件的不断变化，如营养物质不足、有毒副产物的积累、细胞生长空间的减少等原因，细胞经对数生长期的减速期逐渐进入平稳期。这段时间内，细胞生长和代谢缓慢，细胞密度基本维持不变，并达到最大值。

（4）衰退期：经过平稳期后，由于环境条件继续恶化，此时动物细胞开始进入启动凋亡程序，细胞不断地死亡。

2. 细胞代谢　在培养过程中，首先需要保证葡萄糖、氨基酸等营养物质的充足提供，但也并非浓度越高越好，因为营养物质本身有一定的溶解度，过度的营养物质浓度对细胞可能会有一定的不利影响，并容易导致细胞代谢失衡。同时还需要注意副产物乳酸和

氨的积累。因此在培养过程中需要根据细胞生长状况、营养物质消耗情况和代谢副产物积累情况，及时调整过程中的补料策略。

（1）乳酸：乳酸是葡萄糖通过糖酵解途径进行不完全氧化分解代谢的产物，在培养初期，乳酸的形成途径可以快速为细胞生长提供能量，但是随着乳酸的积累，会逐渐改变培养环境的 pH 值和渗透压，间接影响细胞的生长、代谢和产物合成。

（2）氨：氨也是细胞培养过程中的主要副代谢产物。氨是谷氨酰胺等氨基酸通过脱氨作用产生的。氨的积累会使细胞内 UDP 氨基己糖增加，影响细胞的生长及蛋白质的糖基化过程，氨也会抑制谷氨酰胺代谢途径，使天冬氨酸和谷氨酸消耗增加，影响细胞的氨基酸代谢，同时氨浓度的提高，会造成细胞内局部微环境的改变，影响细胞的正常生理功能。

四、项目预案

如何降低动物细胞培养过程中代谢副产物的积累？

1. 培养基优化　通过培养基的优化减少代谢副产物的积累主要由两种模式：一是降低葡萄糖和谷氨酰胺在培养基中的浓度，调节细胞葡萄糖和谷氨酰胺的代谢通量，从而降低乳酸和氨的积累。二是利用代谢速率减缓的营养物，如采用果糖或者半乳糖替代葡萄糖，采用谷氨酸或者谷氨酰胺-丙氨酸二肽替代谷氨酰胺，降低代谢副产物的积累。

2. 改变培养条件　在培养过程中，通过降温处理，降低细胞的生长速度，在一定程度上可以缓解乳酸和氨的积累速度。如在对数生长期末期，将初始培养温度 37℃ 降低至35℃，甚至更低 33℃。

3. 细胞工程改造　阻断或者减弱乳酸脱氢酶基因的表达，降低乳酸的形成，或者增强丙酮酸羧化酶基因的过表达，增加葡萄糖进入三羧酸循环的比例，从而改善中心碳代谢的效率，减少乳酸的积累。同时可以过表达鸟氨酸循环酶、氨基甲酰磷酸盐合成酶或者鸟氨酸转氨基甲酰水解酶等的基因，减少铵离子在培养基中的积累。

五、项目实施

（1）对班级学生进行分组，每二人一组。每次课前找一组学生参与项目前准备工作，对其下发该次项目任务报告书，简单讲解项目内容，教师与这二位学生讨论项目任务、流程及项目预期效果，最后根据讨论的内容进行项目前准备。

（2）在项目实施过程中，由这一组学生配合教师共同完成项目指导工作，并在项目结束后组织本班学生完成清场工作，每组轮流参与项目前准备工作和清场工作。

六、项目评价

项目评价详见表 13-1～表 13-4。

表 13-1　项目评价表（满分 100 分）

评价内容			
学生互评（70 分）			教师评价（30 分）
完成过程（30 分）	完成质量（30 分）	团队合作（10 分）	项目报告评价（30 分）

表 13-2 项目评价标准——学生用表

动物细胞培养过程参数分析与控制——过程评价

任务	评价内容	分值	考 核 标 准	得 分	
动物细胞培养过程参数分析与控制的掌握（30分）	培养参数	2分	可以区分培养过程参数分类：物理参数、化学参数和生物参数（2分）		
	温度控制	8分	掌握温度的控制策略，可以独立完成温度参数的设定（8分）		
	pH 控制	8分	掌握 pH 的控制策略，可以独立完成 pH 参数的设定（8分）		
	溶氧控制	8分	掌握溶氧的控制策略，可以独立完成溶氧参数的设定（8分）		
	清场工作	4分	能按要求保养和维护各个电极（2分）		
			实验室结束后，保持桌面整洁（2分）		
完成质量（30分）	温度控制	6分	独立完成温度参数的设定和控制（6分）		
	pH 控制	10分	独立完成 pH 参数的设定和控制（10分）		
	溶氧控制	10分	独立完成溶氧参数的设定和控制（10分）		
	清场工作	4分	使用后，正确处理温度电极、pH 电极、溶氧电极（4分）		
团队合作（10分）	合作态度	5分	积极参与项目的分工、讨论（5分）		
	合作效率	5分	积极帮助小组成员有效完成任务，分析/解决问题（5分）		
合　　计					

表 13-3 项目评价标准——教师用表

动物细胞培养实验室安全防护教育项目评价标准

	评价内容	分值	考 核 标 准	得 分	
项目报告书（30分）	温度参数控制的掌握	6分	掌握温度的控制策略，可以独立完成温度参数的设定（6分）		
	pH 参数控制的掌握	10分	掌握 pH 的控制策略，可以独立完成 pH 参数的设定（10分）		
	溶氧参数控制的掌握	10分	掌握溶氧的控制策略，可以独立完成溶氧参数的设定（10分）		
	清场工作	4分	对本次项目的完成，有哪些体会可与小组同学分享或有哪些教训需进行总结（4分）		
合　　计					

表 13 - 4　项目评价考核成绩表

| 组别 | 姓名 | 组间互评（学生） | | | 班级评价（教师） | 总分值 |
		项目过程（30分）	完成质量（30分）	团队合作（10分）	项目报告（30分）	
第一组						
第二组						
第三组						
第四组						
第五组						
第六组						

七、项目作业——撰写项目报告书

（1）培养过程中检测的参数可以哪几类？

（2）简述温度参数的控制策略，如何在培养过程中降低或者升高温度值？

（3）简述 pH 参数的控制策略，如何在培养过程中降低或者升高 pH 值？

（4）简述溶氧参数的控制策略，如何在培养过程中降低或者升高溶氧值？

（5）绘制培养过程中细胞的生长曲线，葡萄糖浓度变化曲线。

（6）对本次项目的完成，有哪些体会可与小组同学分享？

项目十四　生物反应器的清洗和保养

一、项目要求

本次教学任务即按照标准操作流程对生物反应器进行清洗和保养。

1. 时间要求　4 学时。

2. 质量要求　能根据操作流程完成对 3L 生物反应器和 30L 生物反应器的清洗和保养。

3. 安全要求　能遵守操作规程，保证自身和环境安全。

4. 文明要求　自觉按照文明生产规则进行项目作业，保持个人整洁与卫生，防止人为污染样品。

5. 环保要求　努力按照环境保护要求进行项目作业，按要求进行灭菌操作，并及时清理。

6. GMP 要求　按照项目 SOP 进行作业。

二、项目分析

1. 新版 GMP 对设备的清洗要求　根据新版 GMP《药品生产质量管理规范（2010年修订）》第五章设备的第八十四条规定：应当按照详细规定的操作规程清洁生产设备。生产设备清洁的操作规程应当规定具体而完整的清洁方法、清洁用设备或工具、清洁剂的名称和配制方法、去除前一批次标识的方法、保护已清洁设备在使用前免受污染的方法、已清洁设备最长的保存时限、使用前检查设备清洁状况的方法，使操作者能以可重现的、有效的方式对各类设备进行清洁。如需拆装设备，还应当规定设备拆装的顺序和方法；如需对设备消毒或灭菌，还应当规定消毒或灭菌的具体方法、消毒剂的名称和配制方法。必要时，还应当规定设备生产结束至清洁前所允许的最长间隔时限。

在药品生产过程中，绝对意义上的不含任何残留物的清洁状态是不现实的，相对意义上的清洁是指经过清洗后的设备中的残留物（包括微生物）量不影响下批产品规定的质量和安全性的状态。

无论在工业生产或是在实验室研究，发酵类原料生产的设备及管道的清洗和灭菌都非常必要，这是因为发酵类原料药生产设备和管道的洁净可使潜在的污染危险降至最小，生物反应器罐内和管道残留的营养物质会成为微生物良好的营养源，从而增加染菌的风险，同时也有助于防止设备和管道污垢的生成。

2. 常用的清洗方法　清洗效果不仅与污染物的性质、种类、形态及黏附程度有关，还与清洗介质的理化性质、清洗功能及表面状态有关，也与清洗的条件（如温度、pH、压力以及附加的机械外力或者超声振动）有关。

（1）清洗剂：清洗剂根据在清洗中的作用机制可分为溶剂、表面活性剂、化学清洗剂、吸附剂、酶制剂等几类。水是最重要的溶剂，具有价格低廉、溶解力和分散力强、无毒无味等优点。表面活性剂可以减少水合物的表面张力，并达到分散和乳化的效果，通常分为阴离子型、阳离子型、非离子型或两性化合物。化学清洗剂则是通过与污垢发生化学反应，使污垢从清洗物体表面剥离并溶解或水解到水中，如不锈钢设备上的水垢，用硝酸处理，既对水垢有良好的溶解去除能力，又不会对不锈钢造成腐蚀，NaOH 对于蛋白质类污垢的去除具有一定的效果。

理想的清洗剂应具有能溶解或分解有机物，并能分散固形物，具有漂洗和多价螯合作用，而且还具有一定的灭菌作用。但是至今为止仍未有一种单一的清洗剂具有上述的所有性质。目前的清洗剂都是由酸或碱、表面活性剂、磷酸盐或螯合剂等混合而成的。

对于生物工程设备需要能有效溶解蛋白质和脂肪的清洗剂，碱液是其中较好的一类，硅酸钠是一种良好的水溶液分散剂，它对于稠厚积垢如细胞残渣的分散是非常有效的。设备的清洗过程中，酸是使用较少的，易对不锈钢造成腐蚀，只用于溶解碳酸盐积垢和金属盐积垢，硝酸能使金属表面钝化，可用于焊接表面的防腐蚀处理。对于某些设备不能耐受强烈的清洗剂，此时可采用含酶（通常是碱性蛋白酶）的清洗剂，若采用此类含蛋白酶的清洗剂，在分离纯化蛋白类产物时必须彻底地把清洗剂漂洗去除干净。

（2）特殊清洗方法：超声波清洗是另外一种清洗方法，它是利用换能器将功率超声频源的声能转换为机械振动，并通过清洗槽壁向槽中的清洗液辐射超声波，超声波空化产生的巨大压力能破坏不溶性污垢而使其分化于溶液中，从而加速污垢的溶解，强化化学清洗剂的清洗作用。

3. 生物反应器、管路、阀门的清洗 生物反应器的清洁程度，取决于残留物性质、设备本身结构和清洗方法。

（1）生物反应器：对于小型生物反应器的清洗，常用的方法是将其充满一定浓度的清洗剂并浸泡之。对于大型的生物反应器，通常是在罐顶喷洒清洗剂，对罐壁上的固体残留物进行冲击碰撞达到清洗效果。通常使用的喷射清洗设备是球形或者条形静止喷射器和旋转式喷射器。静止喷射器结构较简单，没有转动部件，可提供连续的表面喷射，即使有一两个喷孔堵塞，对喷洗影响也不大，还可自我清洗，但喷射压力不高，对器壁的清洗主要是冲洗作用而非喷射冲击作用。旋转式喷射器在较低喷洗流速下获得较大的有效喷洒半径，冲击清洗速度也大，但喷嘴易发生堵塞，不能自我清洗，对制造及维护要求较高，设备投资较大。

若罐内安装的 pH 和溶氧等传感电极对清洗剂或者清洗方法敏感，在清洗前应先把传感电极拆卸下来，另外进行清洗。在清洗过程中必须按规程小心操作，避免有腐蚀性的清洗剂淋洒身体上。同时需要注意的是设备在加热清洗后转为冷洗时会产生真空现象，应在罐内安装真空泄压装置，以免损坏。

（2）管件和阀门：根据实际需要，可以采用清水和清洗剂或者消毒剂交替冲洗。对管件和阀门的清洗过程中，液体的冲洗速度达到 1.5m/s 即可获得满意的清洗效果。

在细胞培养结束后，应及时对设备、管道及管件等进行清洗，否则残留物干涸后难以清洗。清洗温度适当提高可以有利于清洗，但不可使用过高的温度，以免对管道和密封圈造成损伤。设备清洗完毕后，应及时把洗涤水排尽，再使之干燥后备用，避免内部积水导致微生物繁殖。

（3）辅助设备：泵、热交换器、空气过滤器等辅助设备的清洗比较简单。泵主要是保持外部的清洁和干燥，无明显的污垢沉积，一般适当喷洒酒精或者水溶液擦拭即可。空气过滤器在使用时经常会发生罐内压力过高，导致培养基倒流进入空气过滤器中，难以清洗干净，此时需要更换过滤器或者滤芯。热交换器长久使用后，在换热面表面会产生结垢或焦化，难以清洗，一般罐体内部不会直接安装热交换器。

（4）其他：在生物制品生产过程中，必须去除致热物质和内毒素。确保设备的清洁和不被微生物污染繁殖是除去致热物质和内毒素的有效方法，对于一般设备，NaOH 浸洗是非常有效的。

4. CIP 清洗系统 传统的清洗设备的方法是把设备拆卸下来，采用手工清洗或者泡沫清洗，此方法称为 COP（Clean Out of Place），该方法劳动强度大、效率低、拆装清洗时间长、存在安全隐患，并且对产品的质量也无法保。大规模的现代化生产已普遍采用 CIP 清洗系统，CIP 是英文 Clean In Place 的缩写，即原位清洗/就地清洗。CIP 清洗系统是通过设置一定流量/压力条件下，将清洁剂溶液喷射或喷洒到设备表面或设备中循环，从而达到对设备或者管道的清洗效果，全过程无需拆卸或打开设备，几乎或完全不需要操作人员参与。当然对于特殊设备部位还需采用 COP 方法，如罐外表面、取样阀、垫圈、进料管等。

CIP 清洗系统的主要构件包括 3 部分，一是 CIP 罐，作为配置冲洗水、清洗液或消毒液的贮罐；二是管道，用于连接 CIP 罐和待洗设备；三是泵，分为供应泵和回流泵，回流泵主要起清洗液回收循环的作用，其他的部件主要包括阀门、热交换器、液位控制和洗球等。

三、项目实施的路径与步骤

（一）项目路径

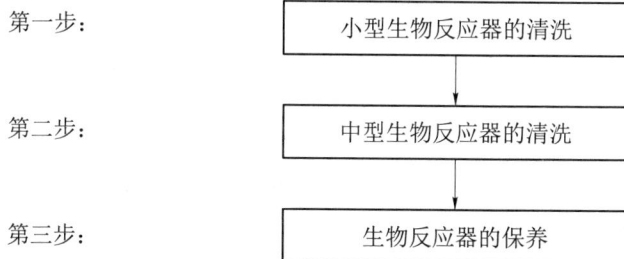

第一步：　小型生物反应器的清洗

第二步：　中型生物反应器的清洗

第三步：　生物反应器的保养

（二）项目步骤

第一步：小型生物反应器的清洗

仪器：荷兰 Applikon 公司的 BioBundle 系列 3L 单壁玻璃生物反应器。

培养结束后，必须及时清洗生物反应器的罐体和部件。对于小型玻璃或者不锈钢生物反应器，因罐体尺寸小，结构相对简单，可以对整个生物反应器进行离体拆卸和清洗。

在清洗前，确认控制系统已全部关闭，即温度、pH、转速、通气控制已停止。先将各个补料瓶及其管路无菌焊接或直接移走，同时准备好放置罐盖的三脚架。

清洗流程主要分为电极清洗、罐体拆卸和清洗、部件清洗和罐体组装。具体操作步骤如下：

1. 电极清洗

（1）首先逆时针旋转，小心取出 pH 电极和 DO 电极。

（2）按照 pH 电极和 DO 电极操作规范，用去离子水仔细清洗电极，一般清洗三遍以上。

（3）清洗干净后，用无尘纸擦干，pH 电极保存于饱和氯化钾溶液（3mol/L KCl）中，DO 电极保存于干燥空气中。

2. 罐体拆卸和清洗

（1）电极取出后，罐体内注满 0.1mol/L 的氢氧化钠溶液，浸泡半小时以上。可以同时开启搅拌，并控制罐体温度在 30～50℃，可以有助于细胞碎片和蛋白质等污染物的溶解。

（2）取下尾气系统、取样系统、补料系统、表层和深层通气系统。

（3）对称拧松固定螺帽，取出罐盖，放置于定制的三脚架上，倒出罐体内的液体。

（4）将搅拌桨叶和挡板取下，去离子水清洗干净，仔细清洗罐盖上下面，直至无污物。

（5）用去离子水，仔细清洗罐体内部和外部，一般清洗三遍以上，直至无污物残留。

3. 部件清洗

（1）拧下尾气瓶和取样瓶，去离子清洗干净后烘干备用。

（2）取下尾气系统、取样系统、补料系统、表层和深层通气系统管路上的空气滤器，用压缩空气吹干后备用。

（3）连接去离子水供应管道，对取样系统管路、三通补料管路、Harvest 管路和通气管路进行冲洗 10 分钟以上，清洗干净后，排尽管路内液体，放置烘箱中烘干备用。若空气分布器上小孔被堵塞，可浸泡在胰蛋白酶溶液中过夜，再用去离子水清洗。

（4）采用热水、酒精或者其他清洁剂进行清洗效果更佳，清洗干净后需再用去离子水润洗三遍，去除残留。

4. 罐体组装

（1）重新安装挡板和搅拌桨叶，此时需要注意桨板桨叶位置和方向和原始保持一致。

（2）将罐盖重新安装至罐体上。

（3）重新连接尾气系统、取样系统、补料系统、表层和深层通气系统管路，并固定好。

（4）放置烘箱中，烘干罐内和罐内液体，备用。

第二步：中型生物反应器的清洗

仪器：德国 Sartorius 公司的 BIOSTAT®Cplus 系列的 30L 不锈钢生物反应器。

对于大型生物反应器，通常为不锈钢材质，其罐体尺寸大，占地空间大，结构复杂，因此只能对各个部件进行离线拆卸，对整个罐体进行在线清洗。清洗流程与小型生物反应器类似，在清洗前，也需要确认控制系统已全部关闭，即温度、pH、转速、通气控制停止。并将各个补料瓶及其管路无菌焊接或直接移走，随后进行电极清洗、罐体清洗、部件清洗和组装。

1. 电极清洗

（1）将罐内的培养液完全回收后，取出 pH 电极和溶氧电极。对于小型生物反应器，电极一般安装在罐盖上，而对于大型生物反应器，电极一般安装在偏向罐底的位置，相应的缺口用配置堵头密封。

（2）按照 pH 电极和 DO 电极操作规范，用去离子水仔细清洗电极，一般清洗三遍以上。

（3）清洗干净后，用无尘纸擦干，pH 电极保存于饱和氯化钾溶液（3mol/L KCl）中，DO 电极保存于干燥空气中。

2. 罐的清洗

（1）取下电极、取样系统和补料系统，相应的缺口用配置堵头密封。

（2）部件取出后，罐体内注满 0.1mol/L 的氢氧化钠溶液，同时开启搅拌，控制转速在 50～80r/min，罐体温度在 30～50℃，可以有助于细胞碎片和蛋白质等污染物的溶解。浸泡过夜后排空，再用去离子水清洗三遍，排空。

（3）罐体的玻璃部分可以用商业用玻璃制品清洁剂或肥皂水进行清洗。严谨使用还原剂及高浓度氯化物清洁剂清洗发酵罐的不锈钢部分，以防罐体受到腐蚀。

（4）一般大型不锈钢生物反应器在出厂前，专业人员已安装好各个部件，如通气系统、尾气系统、挡板，调试至合适位置，并保证密封性，同时由于罐盖和电机体积大，单人难以拆卸。因此通常大型生物反应器系统罐体通常以整体形式进行在线清洗。

（5）罐体的彻底清洗

1）将罐体顶端的所有附件拆除，并拧开罐盖的固定螺丝，小心移出罐体的顶盖。注意 30L 不锈钢生物反应器的马达和罐盖非常沉重，需要多人合作共同完成。

2）用清水冲洗罐体，同时检查罐内和罐盖内部的各个附件是否正常，彻底清洗罐内、罐盖及其管道中残留的污物。清洗结束后将各附件按要求安装至原位。

3）在清洗过程中，注意不要损坏各个接口的密封圈，在配件的重新安装过程中，必须认真检查罐各个接口的密封圈是否完好，若有缺损，需及时更换。

3. 部件清洗

（1）取样系统和补料系统取下后，连接去离子水供应管道，对各个管路和阀门进行冲洗，清洗干净后，排尽管路内液体，放置烘箱中烘干备用。

（2）清洗过程中注意不要损坏或者丢失 O 形圈（密封圈）。

（3）采用热水、酒精或者其他清洁剂进行清洗效果更佳，清洗干净后需再用去离子水润洗三遍，去除残留。

4. 罐体组装

（1）将取样系统和补料系统烘干后，安装至原位，并固定好。

（2）采用 75%浓度的酒精溶液，仔细擦拭罐体表面。

（3）确认各个自来水阀门、气体阀门均已关闭后，关闭控制系统电源。

（4）为保持房间无菌环境，每次清场时用 0.2%的新洁尔灭拖地，并开启移动紫外灯车，紫外照射消毒房间 1 小时以上。

第三步：生物反应器的保养

（1）电极应严格遵守操作规范和维护准则，以保证各个参数测量的准确性和精密度。

（2）清洗罐体时，请用软毛刷进行刷洗，不要用硬器刮擦，以免损伤罐体表面。

（3）生物反应器及其各部件应严格按照设备说明书进行操作和保存。

（4）反应器停止使用时，应及时清洗干净，排尽罐内及各管道中的余水。

（5）定期对各个管路进行检查，确保无破损，配套仪表应每年校验一次，以确保正常使用。

（6）空气滤器或者滤芯使用一段时间后，需要定期更换，在操作过程中，避免被培养液污染或者堵塞，对于大型的精密过滤器，一般使用期限为一年。如果过滤阻力太大或失去过滤能力致影响正常生产，则需清洗或更换（建议直接更换，不作清洗，因清洗操作后不能保证过滤器的性能）。

（7）生物反应器在使用前一般进行气密性检查，确保各个部件安装正确和密封。

（8）电器、仪表、传感器等电气设备严禁直接与水、汽接触，防止受潮。

四、项目预案

生物反应器的清洗流程是什么？

1. 对于小型生物反应器　清洗流程主要分为电极清洗、罐体拆卸和清洗、部件清洗和罐体组装，详细步骤参见"第一步　小型生物反应器的清洗"。

2. 对于中型生物反应器　清洗流程主要分为电极清洗、罐体清洗、部件清洗和组装；详细步骤参见"第二步中型生物反应器的清洗"。

五、项目实施

（1）对班级学生进行分组，每两人一组。每次课前找一组学生参与项目前准备工作，对其下发该次项目任务报告书，简单讲解项目内容，教师与这两位学生讨论项目任务、流程及项目预期效果，最后根据讨论的内容进行项目前准备。

（2）在项目实施过程中，由这一组学生配合教师共同完成项目指导工作，并在项目结束后组织本班学生完成清场工作，每组轮流参与项目前准备工作和清场工作。

六、项目评价

项目评价详见表 14-1～表 14-4。

表 14-1　项目评价表（满分 100 分）

评　价　内　容			
学生互评（70 分）			教师评价（30 分）
完成过程（30 分）	完成质量（30 分）	团队合作（10 分）	项目报告评价（30 分）

表 14-2　项目评价标准——学生用表

任务	评价内容	分值	考 核 标 准	得　分
小型生物反应器的清洗和保养操作过程评价标准（30 分）、生物反应器的清洗	清洗前准备	5 分	关闭控制系统，确认温度、pH、转速、通气控制停止（3 分）	
			选择合适的清洗液和毛刷（2 分）	
	小型生物反应器的清洗	10 分	小心取出 pH 电极和溶氧电极，清洗干净后保存（2 分）	
			罐体中加满 0.1mol/L 氢氧化钠浸泡 30 分钟（2 分）	

任务	评价内容	分值	考核标准	得分
			拆卸尾气系统、取样系统、补料系统、表层和深层通气系统，清洗罐体（3分）	
			依次清洗尾气系统、取样系统、补料系统、表层和深层通气系统（3分）	
	中型生物反应器的清洗	10分	小心取出 pH 电极和溶氧电极，并安装堵头，清洗干净后保存（2分）	
			罐体中加满 0.1mol/L 氢氧化钠浸泡30分钟（2分）	
			拆卸取样系统和补料系统，并安装堵头，去离子水清洗罐体三遍，排空（3分）	
			清洗取样系统和补料系统（3分）	
	生物反应器的保养	5分	电极正确保养和维护（2分）	
			空气滤芯定期更换（2分）	
			保持反应器干净和整洁（1分）	
完成质量（30分）	学习态度	10分	态度端正，积极认真，操作规范，按要求完成任务（10分）	
	小型生物反应器清洗	10分	小型生物反应器清洗是否干净彻底，达到要求（10分）	
	中型生物反应器清洗	5分	清楚中型生物反应器的清洗流程（5分）	
	生物反应器的保养	5分	清楚生物反应器的操作注意事项和保养方法（5分）	
团队合作（10分）	合作态度	5分	积极参与项目的分工、讨论（5分）	
	合作效率	5分	积极帮助小组成员有效完成任务，分析/解决问题（5分）	
合　计				

表14-3　项目评价标准——教师用表

生物反应器的清洗和保养评价标准

任务	评价内容	分值	考核标准	得分
项目报告（30分）	生物反应器的清洗	5分	清楚生物反应器的清洗流程（5分）	
		5分	了解小型生物反应器和中型生物反应器清洗的区别（5分）	
	生物反应器的保养	10分	生物反应器的保养应该注意哪些事项（10分）	
	经验教训总结	10分	对本次项目的完成，有哪些体会可与小组同学分享或有哪些教训需进行总结（10分）	
合　计				

表 14－4　项目评价考核成绩表

组别	姓名	组间互评（学生）			班级评价（教师）	总分值
		项目过程 （30分）	完成质量 （30分）	团队合作 （10分）	项目报告（30分）	
第一组						
第二组						
第三组						
第四组						
第五组						
第六组						

七、项目作业——撰写项目报告书

（1）实验室常用的清洗方法有哪些。

（2）简述小型生物反应器的清洗流程。

（3）简述中型生物反应器的清洗流程。

（4）pH 电极和 DO 电极不使用时，一般存放在什么条件下？

（5）对本次项目的完成，有哪些体会可与小组同学分享或有哪些教训需进行总结。

项目十五 动物细胞培养实例

一、项目要求

本次教学任务即按照标准操作流程，以 CHO 细胞为例，掌握动物细胞在 3L 生物反应器上的培养。

1. 时间要求 8 学时。

2. 质量要求 能根据操作流程完成对 CHO 细胞的复苏、传代和扩增操作，并实现在 3L 生物反应器上的培养。

3. 安全要求 能遵守操作规程，保证自身和环境安全。

4. 文明要求 自觉按照文明生产规则进行项目作业，保持个人整洁与卫生，防止人为污染样品。

5. 环保要求 努力按照环境保护要求进行项目作业，按要求进行灭菌操作，并及时清理。

6. GMP 要求 按照项目 SOP 进行作业。

二、项目分析

1. 动物细胞培养的发展历史 动物细胞培养是指在体外培养动物细胞的技术，即在无菌条件下，从机体中取出组织或细胞，或利用已经建立的动物细胞系，模拟机体内的正常生理状态下生存的基本条件，让细胞在培养容器中生存、生长和繁殖的方法。

现代细胞培养起始于 20 世纪初期，Harrison 于 1907 年在无菌条件下，采用悬滴法在淋巴液中培养蛙胚神经组织数周，观察到神经细胞突起生长的过程，创立了在体外观察和研究组织的方法。1913 年，Carrel 采用严格的无菌技术，可以将细胞进行长期培养，1923 年他又引入了一种 Carrel 培养瓶，可以方便地进行无菌传代培养，该瓶成为培养瓶的鼻祖。随后的多年里，细胞培养主要局限于用于科学研究目的的小规模组织细胞的培养，与此同时大体积的生物反应器开始广泛应用于微生物培养，生产抗生素、氨基酸、维生素等产品。自 1949 年脊髓灰质炎病毒在体外培养的细胞上增殖成功后，20 世纪 50 年代开发了利用猴子的肾或睾丸培养生产脊髓灰质炎疫苗的工艺，由此带动了动物细胞大规模培养的需求，培养容器开始由小体积的滚瓶转向于工业级别的生物反应器。

初始设计的生物反应器是专门用于培养贴壁依赖型细胞，应用板框式或者微载体培养增加附着面积。后来发现许多动物细胞通过驯化可以适应悬浮培养，并使用大分子添加剂减小剪切损伤，使悬浮培养得到广泛应用。20 世纪 60 年代成功采用悬浮培养方法培养幼仓鼠肾细胞（baby hamster kidney，BHK）和 Namalwa 细胞（来自患 Buekitt 淋巴瘤的人类淋巴母细胞），用于生产口蹄疫病毒疫苗和干扰素，并在微生物培养用生物反应器基础上对搅拌和通气方式等进行不断改进。尤其是 20 世纪 70 年代后，对单克隆抗体的生产需求大大拉动了动物细胞悬浮培养技术的进步，如为了克服培养过程中营养限制和细胞密度低的缺陷，开发了流加补料培养和灌注培养技术；为了也可以适用贴壁依赖型细胞的培养，开发了中空纤维式、流化床式等其他类型生物反应器；为了满足培养产品的工业级别需求，开发了500L、3000L、10000L、20000L甚至更大体积的生物反应器。

目前广泛应用哺乳动物细胞培养大规模工业化生产的是中国仓鼠卵巢细胞（CHO）以及鼠骨髓瘤细胞（NSO和SP2/0），两者细胞皆已驯化可悬浮培养，并能够在无血清培养基中快速生长，并能实现抗体的高表达。该过程的共同特征是以在搅拌罐反应器中悬浮培养为技术平台，目前趋向于使用无血清、无动物源成分和化学成分已知的培养基，采用更加精确的流加或者灌注培养技术。

2. 动物细胞培养 动物细胞培养和微生物培养有较大的区别。首先动物细胞没有细胞壁，对外界环境较为敏感，尤其是剪切作用，故在动物细胞反应器中需要采用较为缓和的搅拌和通气方式。其次动物细胞对培养基的营养要求相当苛刻，要在含有多种氨基酸、维生素、无机盐、糖和生长因子等营养成分的培养液中才能正常生长，而且对环境条件十分敏感，对培养液的温度、pH值、溶氧浓度等条件都比微生物培养严格得多，对动物细胞培养反应器的设计和过程控制系统提出了更高的要求。动物细胞生长缓慢，并且一般只有在高细胞密度下才能得到一定浓度的产物，因此动物细胞的培养所需的时间比微生物培养时间长，动物细胞本身的培养条件也非常适合杂菌生长，所以动物细胞培养系统要有更加严格的防污染措施（表15-1）。

表15-1 动物细胞和微生物细胞的区别

项目	细菌（原核）	真菌（真核）	动物细胞（真核）
细胞直径（μm）	0.5~2.0	10~40	10~100
生长形式	悬浮	悬浮	多数贴壁，也有悬浮
营养要求	简单	简单	复杂
倍增时间（h）	0.5~5	2~15	15~100
细胞密度（cell/ml）	10^9~10^{11}	10^8~10^{10}	10^6~10^8
细胞分化	无	无	有
对环境敏感性	忍受范围宽	忍受范围宽	敏感
对剪切应力敏感性	低	较低	高
产物存在	胞外和胞内	胞外和胞内	胞外
耗氧要求	高	高	低
培养成本	低	低	高

按照动物细胞在培养时的特性可以分为两类：一类是可以像微生物一样悬浮培养，一般为非贴壁型细胞，主要是血液、淋巴组织细胞或者肿瘤细胞；一类是只能在固体或半固体表面生长，形成单层细胞，为贴壁依赖型，多数哺乳动物细胞属于这一类，其中CHO细胞等目前已经驯化成非贴壁型，可以进行悬浮培养。

（1）悬浮培养：悬浮细胞指细胞在培养容器中可以自由悬浮培养，主要用于非贴壁依赖性细胞的培养，如杂交瘤细胞等。近来也有贴壁依赖性细胞经过一段时间适应悬浮生长过程。动物细胞的悬浮培养与微生物培养过程比较接近，但由于动物细胞对搅拌和通气造成的流体剪切很敏感，在反应器的设计和操作上有特殊要求，尤其需要保护细胞免受剪切的严重伤害。

（2）贴壁培养：大部分动物细胞须附着在固体表面或者固体表面才能生长，细胞在载体表面上生长并扩展成一个单层，所以贴壁培养也成为单层培养。传统的用于这类动物细胞培养的反应器是滚瓶，即滚瓶中的培养液接种后，平放在一个装置上，使滚瓶缓慢旋转，动物细胞在滚瓶内壁贴壁生长繁殖，培养到一定时候收获，目前大多疫苗均采用滚瓶方式进行生产。滚瓶本身体积较少，因此滚瓶培养的生产能力较低，而且手工操作劳动强度大。由此发展了中空纤维反应器和动物细胞微载体培养反应器。

贴壁培养、固定床和微载体培养的单个细胞产率通常高于悬浮培养，也能获得较高的细胞密度，但是细胞传代时的消化和贴壁需要进行大量的手工操作和细胞处理，影响大规模生产的稳定性和成功率。悬浮细胞培养操作简单、手工操作少、易放大，还可借鉴传统发酵工艺积累的大量经验，如罐式搅拌反应器的设计和操作、流加培养工艺，细胞分离及纯化。

3. 动物细胞培养方式　无论是贴壁细胞还是悬浮细胞，其常用的培养方式可以分为三种：分批培养、流加培养和灌注培养。

（1）分批培养：分批培养是将细胞和培养基一次性装入反应器内，进行培养，细胞不断生长，产物也不断形成，经过一段时间反应后，将整个反应系统取出。对于分批操作，细胞所处的环境时刻在发生变化，不能使细胞自始至终处于最优条件下，因此其并非是一种好的操作方式，但由于其操作简单，容易掌握，因此又是最常用的操作方式。

（2）流加培养：流加培养（fed-batch）是先将细胞接种至一定体积的培养基上，然后在培养过程中，随着培养基中营养物质的消耗，通过补料不断地向反应器中补充消耗的营养物质，产物积累在培养液中，在最后收液时获得。

流加培养相比较于分批培养，一方面，可以避免某种营养物质的初始浓度过高而出现底物抑制现象；另一方面，能防止某些限制性营养成分在培养过程中耗尽而影响细胞的生长和产物的形成，同时在整个培养过程中，培养体积一直在发生变化。

（3）灌注培养（perfusion）：灌注培养是指细胞在培养基中先以分批或流加培养，在细胞达到一定密度后，开始不断取出培养液，通过一个细胞分离装置，将截获的细胞返送回反应器，上清液则收集在反应器外，同时加入同体积的新鲜培养基，提高更多的养料。通过调节灌注速率，可以将培养过程保持在稳定的、有毒代谢产物低于抑制水平的状态下。在此培养模式下，动物细胞可以达到更高的密度（超过 $1 \times 10^7 cell/ml$），并且培养周期延长至数月，在过程中可以不断收集纯化产物。

三、项目实施的路径与步骤

（一）项目路径

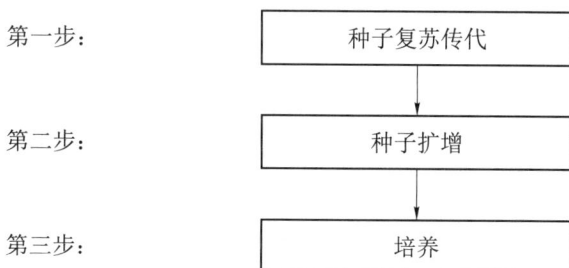

第一步：　　种子复苏传代

第二步：　　种子扩增

第三步：　　培养

（二）项目步骤

第一步：种子复苏传代

1. 种子细胞复苏前准备

（1）开启水浴锅，设定水浴温度为37℃。

（2）将装有培养基的蓝瓶提前放入37℃ CO_2 培养箱中，预热60分钟以上。

（3）取一个125ml三角瓶，置超净台内。无菌操作，通过移液管移取30ml培养基至三角瓶内。

（4）设定 CO_2 摇床转速为120r/min、温度为37℃、CO_2 浓度为8%，提前开启。

2. 种子细胞复苏（表15-2）

（1）记录冻存细胞株信息，包括冻存管名称、批号、细胞数、冻存时间和取出时间。

（2）从液氮罐中取出冻存管，放入干冰盒中，转移至水浴锅旁，用镊子夹住冻存管，放入37℃水浴锅中，快速摇晃，解冻2~4分钟。

（3）解冻后，用75%乙醇润湿的无尘纸擦拭，放入超净台中，过程中必须保持冻存管管盖为旋紧状态。

（4）在超净台中，拧开冻存管，吸取冻存管内的细胞液，接入已经装有培养基的摇瓶中。摇匀后，取1ml计数，计作第0天。

（5）取样后，将摇瓶放置于 CO_2 摇床中，在转速为120r/min、温度为37℃、CO_2 浓度为8%的条件下培养，每天取样，测定活细胞密度和存活率。

3. 种子细胞传代

（1）待活细胞密度达到 $2×10^6$~$4×10^6$cell/ml（一般在接种后的第3天左右），进行传代。

（2）每次传代前，提前准备好一个125ml的三角瓶和预热的培养基。

（3）在超净台中，采用相同的操作，以 $3×10^6$~$6×10^5$cell/ml 的接种密度，总培养体积30ml，计算所需加入的培养基和种子液体积。连续传代3次，使细胞活力恢复至90%以上。

（4）传代过程中，每天取样，测定活细胞密度和存活率。

表15-2 种子复苏传代过程记录

取样时间	培养天数	传代次数	传代前体积（ml）	传代后体积（ml）	接种细胞密度（10^5 cell/ml）	活细胞密度（10^5 cell/ml）	活力（%）	倍增时间 T_d（h）	操作记录

倍增时间 T_d 的计算公式：$T_d = \dfrac{(T_2 - T_1) \times \ln 2}{\ln(X_2 / X_1)}$

其中，X_2（单位：10^5cell/ml）和 X_1（单位：10^5cell/ml）分别是在 T_1（单位：h）和 T_2（单位：h）的活细胞密度值。

第二步：种子扩增

1. 3L 生物反应器种子

（1）种子细胞经过 3 次传代，细胞活力恢复至 90%以上后，即可进行种子扩增。

（2）种子第一次扩增前，提前准备好一个 250ml 的三角瓶和预热的培养基。

（3）在超净台中，采用相同的操作，以 $3 \times 10^5 \sim 6 \times 10^5$cell/ml 的接种密度，总培养体积 60ml，计算所需加入的培养基和种子液体积，接种至 250ml 三角瓶中。

（4）每天取样，测定活细胞密度和存活率，待活细胞密度达到 $2 \times 10^6 \sim 4 \times 10^6$cell/ml（一般在接种后的第 3 天左右），进行第二次扩增。

（5）种子第二次扩增前，提前准备好一个 500ml 或者 1L 的三角瓶和预热的培养基。

（6）在超净台中，采用相同的操作，以 $3 \times 10^5 \sim 6 \times 10^5$cell/ml 的接种密度，总培养体积 200ml，计算所需加入的培养基和种子液体积，接种至 500ml 或者 1L 三角瓶中。

（7）每天取样，测定活细胞密度和存活率，待活细胞密度达到 $2 \times 10^6 \sim 4 \times 10^6$cell/ml（一般在接种后的第 3 天左右），活力在 90%以上，即可作为 3L 生物反应器种子。

2. 30L 生物反应器种子

（1）在 3L 生物反应器种子扩增的基础上，种子经过第二次扩增，并且活细胞密度培养到 $2 \times 10^6 \sim 4 \times 10^6$cell/ml（一般在接种后的第 3 天左右），继续进行第三次扩增。

（2）种子第三次扩增前，提前准备好一个 1L 的三角瓶和预热的培养基。

（3）在超净台中，采用相同的操作，以 $3 \times 10^5 \sim 6 \times 10^5$cell/ml 的接种密度，总培养体积 400ml，计算所需加入的培养基和种子液体积，接种至 1L 三角瓶中。

（4）每天取样，测定活细胞密度和存活率，待活细胞密度达到 $2 \times 10^6 \sim 4 \times 10^6$cell/ml（一般在接种后的第 3 天左右），进行第四次扩增。

（5）种子第四次扩增前，提前准备好 1 个 5L 的三角瓶（或者 3 个 3L 的三角瓶，3L、5L 生物反应器）和预热的培养基。

（6）在超净台中，采用相同的操作，以 $3 \times 10^5 \sim 6 \times 10^5$cell/ml 的接种密度，总培养体积 $2000 \sim 2400$ml，计算所需加入的培养基和种子液体积，接种至 5L 三角瓶中。

（7）每天取样，测定活细胞密度和存活率，待活细胞密度达到 $2 \times 10^6 \sim 4 \times 10^6$cell/ml（一般在接种后的第 3 天左右），活力在 90%以上，即可作为 30L 生物反应器种子。

（8）如果对细胞株本身的生长特性和倍增时间了解深入，可以仅在种子细胞复苏、传代、扩增过程中接种的第 0 天和第 3 天取样，计数（表 15-3）。

表 15-3　种子扩增过程记录

取样时间	培养天数	扩增次数	扩增前体积（ml）	扩增后体积（ml）	接种细胞密度（10^5 cell/ml）	活细胞密度（10^5 cell/ml）	活力（%）	倍增时间 T_d（h）	操作记录

第三步：培养

仪器：荷兰 Applikon 公司的 BioBundle 系列 3L 单壁罐体（加热毯控温）玻璃生物反应器，采用 ez-Control 控制系统。

细胞株：CHO 细胞。

培养工艺：

（1）基础培养基：800ml FortiCHO （GIBCO）。

（2）补料培养基：300ml Feed C （GIBCO）。

（3）种子液：200ml 左右 CHO 细胞种子液（活细胞密度达到 $2×10^6～4×10^6$ cell/ml，活力在 90%以上）。

（4）温度控制：初始为 37℃，待生长至最高密度，降温至 35℃。

（5）pH 控制：初始为 7.2±0.2，待生长至最高密度，调至 6.9±0.1。

（6）溶氧控制：初始转速设置为 100r/min，空气流量为 50ml/min。控制溶氧值在 40%以上，培养过程中可以适当提高转速，但注意的是转速最高不能超过 250r/min；关闭或者降低空气流量，改为通入氧气。

（7）补料策略：分别在第 3 天、第 6 天、第 9 天补加初始培养体积 8%的 Feed C。

1. 接种前准备　接种前需要提前完成以下准备工作，包括 3L 生物反应器的灭菌、培养基和溶液的配制和过滤、培养基的导入和预热。

（1）3L 生物反应器的灭菌

1）灭菌前，按照 pH 电极校正的标准流程，完成 pH 电极校正。

2）在 3L 生物反应器装入 600ml PBS 溶液。

3）按照 3L 生物反应器组装流程，组装好各个配件系统（pH 电极、溶氧电极、通气系统、取样系统、补料系统）。

4）各个管路连接滤器，并包裹好锡箔纸，其中深层通气管路、取样管路、Harvest管路止血钳扎紧。

5）将整个反应器放入至高压灭菌锅中，121℃灭菌30分钟。

6）灭菌结束后，待冷却至室温，取出。并连接通气系统，设定空气流量为50ml/min，通入空气，保证正压，设定转速为100r/min，开启搅拌。

（2）培养基和溶液的配制和过滤

1）基础培养基的配制：①按照基础培养基配方和配制方法，配制一定体积的溶液。②配制好后，在超净台中，通过0.22μm滤膜，过滤至1L的已灭菌的补料蓝瓶中。

2）补料培养基的配制：①按照和基础培养基配对的补料培养基配方和配制方法，配制一定体积的溶液。②配制好后，在超净台中，通过0.22μm滤膜，过滤至1L的已灭菌的补料蓝瓶中。

3）200ml 500g/L葡萄糖溶液的配制：①准备配液体积50%的超纯水，加热至40～50℃。②慢慢加入葡萄糖粉末，并不断搅拌至完全溶解。③加入超纯水，定容至配液体积。④配制好后，在超净台中，通过0.22μm滤膜，过滤至1L的已灭菌的补料蓝瓶中。也可以导入至补料蓝瓶中，在高压灭菌锅中121℃灭菌30分钟。

4）200ml 1mol/L Na_2CO_3溶液（碱液）的配制：①准备配液体积80%的超纯水。②慢慢加入Na_2CO_3粉末，并不断搅拌至完全溶解。③加入超纯水，定容至配液体积。④配制好后，在超净台中，通过0.22μm滤膜，过滤至1L的已灭菌的补料蓝瓶中。

也可以导入至补料蓝瓶中，在高压灭菌锅中121℃灭菌30分钟。

2. 培养基的导入和预热

（1）在基础培养基导入前，首先通过接管机连接Harvest管和已灭菌的空瓶补料蓝瓶（体积大于600ml），通过真空泵，将罐内的PBS溶液抽出。

（2）连接装有培养基的补料蓝瓶至Harvest管路，通过虹吸作用，导入所需体积的培养基。

（3）培养基导入后，开启控温系统和pH控制系统，设定温度值为37℃，设定pH值控制范围为7.2±0.2之间。

（4）培养基导入后，在转速100r/min、温度37℃、pH 7.2±0.2条件下，培养过夜，检测是否为无菌状态。

3. 生物反应器的接种

（1）待种子第二次扩增的活细胞密度达到$2×10^6$～$4×10^6$cell/ml，活力在90%以上，即可进行接种。

（2）将500ml或者1L三角瓶中的种子液，按照所需体积转移至已灭菌的补料蓝瓶中。

（3）在接种前，校正溶氧电极满度。

（4）装有种子液的补料蓝瓶，通过接管机连接至Harvest管路，通过虹吸作用，导入至罐内。对于管路中残留的种子液，可以通过循环泵，全部导入至罐内.

（5）连接补料瓶、碱瓶、葡萄糖瓶至三通补料管上，管道通过蠕动泵灌满，此时参数初始设置为：转速为100r/min、温度37℃、pH 7.2±0.2、空气流量50ml/min，开启自动控制，此时培养正式开始。

（6）种子导入30～60分钟，待充分混匀后，通过取样系统，取样5～10ml，作为第

0 天取样，进行计数，并测定残余葡萄糖（残糖）浓度、乳酸浓度、氨浓度和渗透压。同时记录此时在线 pH 值、转速、在线温度值、在线溶氧值、空气流量、补碱量、CO_2 通入累积量和 O_2 通入累积量。

4. 过程培养

（1）每天按时取样，进行计数，并测定残余葡萄糖（残糖）浓度、乳酸浓度、氨浓度和渗透压。同时记录此时在线 pH 值、转速、在线温度值、在线溶氧值、空气流量、补碱量、CO_2 通入累积量和 O_2 通入累积量。

（2）当残糖低于 3g/L 时，需要进行补加葡萄糖，过程中控制残糖浓度在 3～6g/L。

（3）按照实际补料策略，分别在第 3 天、第 6 天、第 9 天补加初始培养体积 8% 的 Feed C 补料培养基，需要注意的补料培养基中通常会含有一定浓度的葡萄糖，补加葡萄糖的过程中需要考虑此部分。

（4）当活细胞达到最高密度，温度由 37℃ 可以相应降低至 35℃ 或者 33℃，降低细胞的生长速度，延缓细胞的凋亡，将细胞尽可能维持至平台期。

（5）培养过程中，转速和通气量可以根据实际需求提高，如当开始大量通入 O_2 时，说明此时的转速和通气水平无法满足细胞的生长需求，此时可以适当提高转速，减少空气流量。

（6）过程中的每个操作均要记录。

5. 培养结束

（1）当培养至第 14 天，或者细胞活力降低至 60% 以下，结束培养。

（2）首先移除碱瓶、糖瓶和补料瓶，再关闭搅拌和通气。

（3）依次拆下马达、pH 和溶氧电极、通气系统、补料系统和取样系统。

（4）pH 和溶氧电极清洗干净后，按要求保存，其余配件按照清洗流程仔细清洗。

四、项目预案

（1）记录种子细胞复苏、传代、扩增过程中的操作记录和实验结果。

（2）记录培养过程中的操作记录和实验结果，绘制在 CHO 细胞在 3L 生物反应器上的生长曲线、葡萄糖浓度变化曲线、乳酸浓度变化曲线和氨浓度变化曲线。

（3）可以设计不同的培养方案，考察不同的温度、不同的 pH 控制策略、不同的基础培养基和不同的补料培养基，以及不同的补料时间和补料量对动物细胞培养的影响。

五、项目实施

（1）对班级学生进行分组，每两人一组。每次课前找一组学生参与项目前准备工作，对其下发该次项目任务报告书，简单讲解项目内容，教师与这两位学生讨论项目任务、流程及项目预期效果，最后根据讨论的内容进行项目前准备。

（2）在项目实施过程中，由这一组学生配合教师共同完成项目指导工作，并在项目结束后组织本班学生完成清场工作，每组轮流参与项目前准备工作和清场工作。

六、项目评价

项目评价详见表 15-4～表 15-7。

表 15－4 项目评价表（满分 100 分）

评 价 内 容			
学生互评（70 分）			教师评价（30 分）
完成过程（30 分）	完成质量（30 分）	团队合作（10 分）	项目报告评价（30 分）

表 15－5 项目评价标准——学生用表

动物细胞培养实例评价标准——过程评价				
任务	评价内容	分值	考 核 标 准	得 分
动物细胞培养实例操作过程评价标准（30分）	种子细胞复苏	5 分	提前准备 37℃水浴锅，预热培养基（2 分）	
			冻存管快速融化解冻，进行复苏（3 分）	
	种子细胞传代	5 分	提前预热培养基，准备传代过程需要的三角瓶和移液管（2 分）	
			按照规定接种密度传代三次（3 分）	
	种子细胞扩增	10 分	提前预热培养基，准备扩增过程需要的不同规格三角瓶和移液管（2 分）	
			3L 生物反应器种子制备流程（4 分）	
			30L 生物反应器种子制备流程（4 分）	
	培养	10 分	完成 3L 生物反应器的灭菌（2 分）	
			配制 FortiCHO 基础培养基、FeedC 补料培养基、葡萄糖和溶液的 Na_2CO_3，并过滤除菌（2 分）	
			导入 FortiCHO 培养基至罐内，开启搅拌和控温，进行预热（1 分）	
			导入种子液至罐内，设定温度、pH、溶氧、转速和空气流量参数，并连接葡萄糖、Na_2CO_3、FeedC 补料，开始培养（2 分）	
			培养过程中，每天取样、计数和测定，按照培养工艺进行补糖或者补料操作，并记录实验结果（2分）	
			培养结束后，清洗 3L 生物反应器罐体和配件（1分）	
完成质量（30分）	学习态度	10 分	态度端正，积极认真，操作规范，按要求完成任务（10 分）	
	种子复苏和传代	5 分	按照接种密度和总体积 30ml，进行 3 次传代，活力保持在 90%以上（5 分）	
	种子扩增	5 分	能够扩增至 200ml，活细胞密度达到 2×10^6～4×10^6cell/ml，活力在 90%以上（5 分）	
	培养	10 分	培养过程中，未染菌，细胞生长正常（10 分）	
团队合作（10分）	合作态度	5 分	积极参与项目的分工、讨论（5 分）	
	合作效率	5 分	积极帮助小组成员有效完成任务，分析/解决问题（5 分）	
合 计				

表 15-6　项目评价标准——教师用表

动物细胞培养实例评价标准

任务	评价内容	分值	考 核 标 准	得　分
项目报告 （30分）	实验方案准备	5分	在每个操作前，是否提前写好实验操作方案（5分）	
	仪器试剂耗材 总结	5分	种子细胞在复苏、传代和扩增过程所用到的试剂、耗材、仪器有哪些？各有何作用（5分）	
	操作注意事项 总结	10分	总结CHO细胞在培养过程操作的注意事项（10分）	
	经验教训总结	10分	对本次项目的完成，有哪些体会可与小组同学分享或有哪些教训需进行总结（10分）	
合　　计				

表 15-7　项目评价考核成绩表

组别	姓名	组间互评（学生）			班级评价（教师）	总分值
		项目过程 （30分）	完成质量 （30分）	团队合作 （10分）	项目报告（30分）	
第一组						
第二组						
第三组						
第四组						
第五组						
第六组						

七、项目作业——撰写项目报告书

（1）种子细胞在复苏过程中需要注意哪些问题？

（2）简述3L生物反应器用种子制备流程。

（3）简述30L生物反应器用种子制备流程。

（4）根据3L生物反应器的准备和培养步骤与30L生物反应器的组装、灭菌流程，写出30L生物反应器培养的完整流程。

（5）对本次项目的完成，有哪些体会可与小组同学分享或有哪些教训需进行总结。

参考文献

［1］薛庆善.体外培养的原理和技术.北京：科学出版社，2001.

［2］杨新建.动物细胞培养技术.北京：中国农业大学出版社，2013.

［3］R.I 弗雷谢尼.动物细胞培养－基本技术指南.第 5 版.北京：科学出版社，2008.